10 Simple Solutions to Shyness:
How to Overcome Shyness, Social Anxiety,
and Fear of Public Speaking

再见，社交焦虑

克服社交焦虑的十个即时策略

［加］马丁·M.安东尼（Martin M. Antony） 著

骆琛 译

中国科学技术出版社
·北京·

10 SIMPLE SOLUTIONS TO SHYNESS: HOW TO OVERCOME SHYNESS, SOCIAL ANXIETY, AND FEAR OF PUBLIC SPEAKING by MARTIN M. ANTONY.
Copyright© 2004 BY MARTIN M. ANTONY.
This edition arranged with Martin M. Antony through BIG APPLE AGENCY, LABUAN, MALAYSIA.
Simplified Chinese edition copyright:2024 China Science and Technology Press Co., Ltd.
All rights reserved.

北京市版权局著作权合同登记　图字：01-2024-1177

图书在版编目（CIP）数据

再见，社交焦虑 /（加）马丁·M. 安东尼著；骆琛译 . -- 北京：中国科学技术出版社，2024.11.
ISBN 978-7-5236-1016-9
Ⅰ . B842.6
中国国家版本馆 CIP 数据核字第 2024XX1684 号

策划编辑	赵　嵘　王绍华	执行策划	王绍华
责任编辑	孙　楠	执行编辑	邢萌萌
封面设计	创研设	版式设计	蚂蚁设计
责任校对	邓雪梅	责任印制	李晓霖

出　　版	中国科学技术出版社
发　　行	中国科学技术出版社有限公司
地　　址	北京市海淀区中关村南大街 16 号
邮　　编	100081
发行电话	010-62173865
传　　真	010-62173081
网　　址	http://www.cspbooks.com.cn

开　　本	787mm × 1092mm　1/32
字　　数	85 千字
印　　张	6.5
版　　次	2024 年 11 月第 1 版
印　　次	2024 年 11 月第 1 次印刷
印　　刷	北京盛通印刷股份有限公司
书　　号	ISBN 978-7-5236-1016-9 / B·190
定　　价	59.00 元

（凡购买本社图书，如有缺页、倒页、脱页者，本社销售中心负责调换）

大咖推荐

安东尼因其在如何应对社交焦虑领域的工作而在国际上享有盛誉,他在引导读者克服害羞的领域资历深厚。他提出的十个简单的解决方案必定对那些愿意承诺做出必要的自我改变的人有帮助。他非常清晰、简明地阐述了解决问题的方法。对于任何想要解决害羞、社交焦虑或害怕公开发言等问题的人来说,这是一本必不可少的指南,一本及时雨般的读物。

——乔纳森·R.T.戴维森(Jonathan R.T. Davidson)医学博士,美国杜克大学医学中心焦虑与创伤项目主任

严重的害羞和社交焦虑就像一种看不见的流行病,折磨着数百万人。安东尼是研究害羞和社交焦虑的权威

专家，他写了一本简明易懂的书，为解决这些问题提供了经科学证实有效的方法。这本书是想要克服害羞或社交焦虑的人的必备读物。对于想要更深入了解日常害羞问题的人来说，它也是一种宝贵的资源。

——史蒂芬·泰勒（Steven Taylor）博士，临床心理学家，加拿大不列颠哥伦比亚大学精神病学系教授，认知治疗学会理事谨以此书献给我亲爱的导师，戴维·巴洛和理查德·斯文森。

目录

引言 /1

第1章　理解害羞和社交焦虑 /5
第2章　为改变制订计划 /29
第3章　改变思维方式 /41
第4章　面对引发焦虑的情境 /81
第5章　改变沟通方式，改善人际关系 /113
第6章　药物治疗 /127
第7章　应对拒绝 /147
第8章　结识新朋友 /161
第9章　自信地讲演 /175
第10章　停止追求完美 /187

后记　规划未来 /199

引言

几乎所有人都会时不时地在社交场合感到不舒服。其实，社交焦虑和害羞是完全正常的。然而，有些人的焦虑和害羞程度让他们很烦恼，或者妨碍了他们的日常生活。如果你过度在意别人对你的看法，或者在聚会、约会、公开演讲、被观察或结识新朋友等场合感到高度焦虑，那么本书正是为你而写的。或者，如果你的家人在社交场合感到非常焦虑，那么本书将帮助你更好地了解你所爱的人正在经历什么，以及你能做些什么来帮助他们。

本书与其他关于害羞和社交焦虑的书在许多重要方面有所不同。首先，与一些书籍不同的是，本书是基于已经被科学研究证实的对极度社交焦虑有效的同一类治

疗方法。这里所介绍的策略与擅长治疗社交焦虑的医生和心理治疗师所使用的策略相似。

其次，本书比几乎所有关于克服害羞的书都要简短。它是为那些想要了解并克服社交焦虑的人而出的策略，它偏爱更简洁扼要的版式，而且是为不想看"大部头"的人写的。如果你发现书中描述的策略很有用，那么可能需要在这本书之后阅读更详细的工作手册。例如，《羞涩与社交焦虑手册（原书第3版）》，书中包含大量补充练习、示例和策略。

一本自助阅读的书籍能帮助一个人克服社交焦虑吗？这是一个很难回答的问题，因为关于使用自助疗法治疗害羞和社交焦虑的研究很少。然而，至少有两个理由支持认为这样一本书可能有用。第一，许多严格控制下的科学实验表明，本书所介绍的治疗方法对心理治疗师在临床环境下管理焦虑非常有效。第二，有研究支持使用自助疗法治疗焦虑症并取得了一定的效果，例如恐慌症。

引言

最后，本书将为你提供有助于克服害羞的策略。即使你发现自己难以掌握本书中描述的策略，至少也会成为一个更明智的消费者，并且可以更好地寻求恰当的专业帮助。

当然，仅凭阅读本书并不足以让你的生活发生重大改变。为了充分发挥它的作用，你需要一遍又一遍地练习这些策略，一样不落地完成各种练习，并认真监督自己的进度。日记或笔记本将是你完成本书中所有练习时所需的基本工具。

这里描述的许多技巧需要你完成笔记，记录自己的经历，并监督自己应用各种应对策略的情况。开头就会有记日记的练习，所以在你开始阅读第 1 章之前，需要把记录本放在手边。单单阅读一本关于如何翻新住宅的书，并不会让你的房子看起来更漂亮，除非你在阅读之后也努力行动了。阅读克服社交焦虑的策略也是如此。要减少焦虑，就要改变思维和行为方式，以应对那些令

再见，社交焦虑

你恐慌的特定情境。阅读本书不需要花很长时间，但完成策略练习将是一个持续的过程，可长达几个月甚至几年。凭着一定的耐心和勤学苦练，你的努力会得到回报。祝你好运！

第 1 章

理解害羞和社交焦虑

再见，社交焦虑

从蹒跚学步的时候起，西塔（Sita）就在她不熟悉的人面前表现得非常安静。她经常想不出该说些什么，担心别人认为她无聊或愚蠢。在开始一份新工作后，她通常需要几个月的时间才能适应与同事的互动。当和亲近的朋友和家人在一起时，她是一个完全不同的人，她健谈、自信，并表现出很强的幽默感。

在聚会和其他非正式社交场合中与人打交道时，沃尔特（Walter）非常自在。然而，他害怕成为别人关注的焦点，尤其是在与工作有关的情况下。公开演讲对他来说几乎是不可能的。即使是在只有两三个人在场的会议上做一个简短的报告，他的心也会怦怦直跳。他害怕在公共场合做报告和演讲，这限制了他在大学里时可以选择的课程类型，也限制了他的职业发展。例如，他数次拒绝了需要演讲才能获得的工作晋升机会。

虽然真的很想谈恋爱，但何塞（José）已经好几年没有约会了。他的朋友告诉他，他很有魅力，也很有

第1章
理解害羞和社交焦虑

趣,但在和陌生的女性约会时,他会感到极其不自在。当紧张感开始加剧,他会大汗淋漓、失去思考能力,变得沉默寡言。因此,他经常在约会中给人留下糟糕的第一印象,这证实了他最担心的事情,即女性认为他没有吸引力。

辛迪(Cindy)想尽一切办法避免在别人面前显得愚蠢。她总是在关注自己给别人留下的印象,会花好几天排练演讲,确保能一字不落地记住讲稿,且不会犯任何错误。但凡存在一丁点让她看上去犯傻的可能,她就会选择彻底回避。例如,她避免在繁忙的街道上开车,因为害怕犯错误时让其他司机认为:"天哪,那个人真是个糟糕的司机!"

娜塔莎(Natasha)几乎害怕所有的社交场合。即使是问路或询问时间,对她来说也几乎是不可能的。走在繁忙的街道上于她是一种折磨,因为她确信别人都在看着她,并想象关于她的最坏情况。她一直避免参加聚

再见，社交焦虑

会，避免与陌生人交谈，避免成为被人们关注的焦点，甚至避免打电话——这都是因为担心自己会给别人留下不好的印象。最近，孤独感使她感到非常痛苦。事实上，她有时觉得，除非这种情况能改变，否则不想继续活下去。

由于工作调动，兰斯（Lance）刚从他自小生长的一座密歇根州小镇搬到芝加哥。尽管他在家乡有很多朋友，社交生活也很活跃，但他发现这在芝加哥很难。他在陌生人面前会有点害羞，而且一直感到自己有点孤立。他开始怀疑自己是否应该拒绝这份新工作。

这六个截然不同的人有一个共同点，那就是他们都有不同程度的害羞和社交焦虑。在兰斯的例子中，他的焦虑主要集中在结识新朋友上。虽然这在过去从来不是一个问题，但当他搬到一个新的城市时，焦虑变成了一个大问题。另一个极端情况是，娜塔莎的社交焦虑让她几乎不能出门。在其他四个例子中，焦虑仅限于在特定

第1章
理解害羞和社交焦虑

的社交场合发生,如约会和公开演讲。尽管每一个小片段都描述了不同范畴的问题,但这些人中的每一位都极度害羞或有社交焦虑,他们每个人都害怕得到别人的负面评价。

害羞和社交焦虑的定义

害羞和社交焦虑是相关的,但不是完全相同的概念。"害羞"一般指的是在涉及人际交往的情况下,比如谈话、约会、认识新朋友、闲聊、打电话、坚持主张、处理冲突或谈论自己时,有一种退缩、焦虑或不舒服的倾向。害羞也与内向的性格有关,也就是说,与更外向或活跃的人相比,害羞的人往往更专注于内心,更不爱社交。

"社交焦虑"一般指的是在可能被他人观看、审视或评判的情况下感到紧张或不适的感觉。当然,当害羞的人必须与他人社交时,他们会经历社交焦虑,但有时

再见，社交焦虑

不怎么害羞的人也会经历社交焦虑。例如，一些通常相当外向的人在成为关注焦点的情况下可能会感到不舒服，如公开演讲、在别人面前吃东西、写作、表演、使用公共浴室、被观看、在公共场合犯错误或在公共健身房锻炼。

总结一下，如果个体担心在社交或个人表现的相关场合感到尴尬或羞耻，这个人就被称为正在经历社交焦虑。如果这个人通常在与他人交流时感到不自在，他或她可能被描述为一个害羞的人。害羞的人，以及不算很害羞的人，都可能会在社交场合时不时地感到焦虑。害羞和社交焦虑都是正常的。事实上，几乎每个人都会时不时地有这种感觉。我们稍后再讨论如何区分正常的焦虑和可能会给你带来问题的焦虑。

社交焦虑的组成部分

通常情况下，社交焦虑是一种不舒服的、有时难

第1章
理解害羞和社交焦虑

以描述或难以控制的感受。有一种方法可以帮助你理解自己的害羞和社交焦虑的感觉,那就是把它们拆分成更容易处理的碎片。包括焦虑在内的大多数情绪都可以分为三个部分来理解:躯体部分(你的感觉)、认知部分(你的想法)和行为部分(你做了什么)。

躯体部分

当一个人在社交场合感到焦虑时,可能会出现各种各样的躯体表现。通常,最令人不安的是那些可能会被他人看出来的表现,如出汗、颤抖、脸红和说话不清楚。然而,焦虑的其他症状可能包括心跳加快、呼吸急促、恶心、头晕和其他显示身体兴奋的表现。当个体的恐惧至少伴随着四种躯体表现时,有时被称为惊恐发作。在惊恐和恐惧时出现的躯体表现与由激烈情绪、性活动、体育锻炼等其他引发同类表现的活动产生的表现相似。

再见，社交焦虑

认知部分

恐惧和焦虑的认知部分指的是某类导致并参与塑造个体情感的想法、假设、信念、解释和预测。在焦虑状态下，这些信念通常集中在涉及危险或威胁的主题上。有社交焦虑的人通常持有的信念包括：

- 每个人都永远喜欢我。
- 如果上台做报告，我就会出丑。
- 如果我犯了错误，人们就会认为我无能。
- 我必须总是很有趣。
- 如果有人盯着我看，一定是对我有了负面想法。
- 如果某个人不喜欢我，就没有人会喜欢我。
- 如果我在别人面前脸红、发抖或出汗，就糟透了。
- 人们能看出我的紧张。
- 我必须尽量隐藏我的焦虑表现。

第1章
理解害羞和社交焦虑

- 焦虑是软弱的表现。
- 如果我太紧张,就会说不出话来。

毫不意外,如果你持有这样的信念,就容易在社交场合感到焦虑,尤其是当你表现出焦虑的躯体症状时。在很多情况下,像这样的信念会引发焦虑。

研究人员发现,除了抱有焦虑的想法,社交焦虑严重的人往往更关注能证实他们负面信念的信息,而不是与那些信念相反的信息。例如,他们更有可能注意到观众中那些看起来挑剔或无聊的人,而不是那些看起来很专注、很感兴趣的人。

在特定条件下,如果一条信息与一个人焦虑的信念一致,它可能会被牢牢记住。例如,与在社交场合不那么焦虑的人相比,社交焦虑的人特别善于记住那些表现出消极表情的面孔。与有其他类型焦虑问题的人相比,他们也更有可能关注自己在童年时被嘲笑的经历。这可

再见，社交焦虑

能是因为患有社交焦虑症的人在童年时期更常被嘲笑。又或者，还可能是因为他们对自己在童年时被嘲笑经历的记忆比其他人更深刻。

行为部分

回避是害羞和社交焦虑最常见的行为特征。通常情况下，有社交焦虑的人会避免进入社交场合，或者至少会在很短的时间内从这个让他们害怕的场合中逃离。然而，人们也可能会找到更微妙的方法来回避某些情境以保护自己免受心理上的威胁。他们可能会化浓妆来掩盖脸红，避免与别人眼神接触，通过问别人问题来避免谈论自己，调暗灯光好让别人注意不到他们的焦虑，或者喝几杯酒来帮助自己控制焦虑。

第1章
理解害羞和社交焦虑

练习：你的社交焦虑由哪些部分组成？

试着把你的社交焦虑分解成不同的部分。记录你接下来的三次社交焦虑的体验，在日记中记录以下信息：

（1）是什么情况引发了你的焦虑？
（2）你有什么躯体（生理）上的感受？
（3）你焦虑的想法、预测或信念是什么？
（4）你的焦虑行为是什么？

在记录日记的时候，一定要用第一人称，这样问题和答案就只涉及你自己。在阅读本书的过程中，所有的练习都要这样完成。请用这样的方式提出你的问题：

（1）是什么情况引发了我的焦虑？

再见，社交焦虑

> （2）我经历了什么躯体（生理）上的感受？
>
> （3）我焦虑的想法、预测或信念是什么？
>
> （4）我的焦虑行为是什么？换句话说，我做了什么来保护自己免于焦虑？（比如，我回避某些场景或从场景中逃走了吗？我是否采取了其他行动来减轻我的焦虑？）

三个部分的相互作用

焦虑的躯体、认知和行为部分相互作用。焦虑的体验可以始于躯体（生理）上的不适（比如颤抖的手），而这种不适又会引发一种或多种焦虑的想法（例如："如果人们注意到我的手在发抖，他们会认为我是个怪人。"），以及各种焦虑行为（比如在聚会场所中待满15分钟就离开）。

第1章
理解害羞和社交焦虑

或者,这个过程可以从一个想法开始。例如,如果你认为观众不太可能喜欢你的演讲,就可能会引发一些身体反应,比如出汗或心跳加速。这些唤醒症状可能会引发更强烈的焦虑。最终,你可能决定回避这种场景。

整个循环也可以从回避恐惧感开始,或者从某种保护性行为开始。虽然这些行为可以在短期内有效地减少焦虑感,但焦虑感会长期存在,因为它们让你永远不知道事情比自己感觉到的要容易控制得多。事实上,你越想回避不愉快的场景,以后就越难适应这种场景。(问问自己:"一周中的哪一天最难把自己揪去工作?"对许多人来说,这个问题的答案是周一。)

正如引言所提到的,你会发现,在学习本书中描述的策略时,写日记非常重要。如果你坚持写日记,大部分的练习就会更易于完成且有条理。

再见，社交焦虑

谁会社交焦虑？

几乎每个人在社交场合都会时不时地感到焦虑。喜剧演员杰瑞·宋飞（Jerry Seinfeld）在他的一段独白中说："根据大多数研究，人们最恐惧的事是公开演讲。第二恐惧的事是死亡。死亡只是第二名！现在，这意味着对普通人来说，如果你必须参加葬礼，那么躺在棺材里好过念悼词！"宋飞的结论值得怀疑，但很明显，害羞和社交焦虑是普遍存在的。例如，在心理学家菲利普·津巴多（Philip Zimbardo）及其同事的一系列调查中，40%的人自述长期容易害羞，以至于这已经成为一个问题。在剩下的60%的人中，大多数人说他们在某些情况下会害羞，或者他们以前容易害羞。事实上，只有5%的人表示他们从不害羞。

在我们的焦虑治疗与研究中心进行的研究中，我们发现社交焦虑的躯体症状在普通人群中很常见。在我们

第1章
理解害羞和社交焦虑

的研究中,大多数人表示自己在社交场合中不时出现焦虑的躯体表现。其中最常见的包括恶心反胃、紧绷感、脸红、难以清楚地表达自己的想法、心跳加速、口吃、喉咙哽咽、出汗、颤抖,以及控制不住地或不恰当地微笑、大笑或说话的倾向。

害羞和社交焦虑总是会成为困扰吗?

大多数时候,社交焦虑的唯一后果是个人在社交场景中经历暂时的不适。在很多情况下,其他人不会注意到这种焦虑,这些表现也不会干扰个体的其他功能。如果其他人确实注意到这个人的焦虑,通常也不会严厉地对待他。事实上,轻度的害羞和社交焦虑可能被视为积极的属性。害羞有时可能被视为谦虚的标志,是一种朴实的特征,通常被视为令人耳目一新和令人喜欢的特征。

但是,对一些人来说,缺乏社交焦虑可能是个问

再见，社交焦虑

题。我们都知道有些人希望自己能更关注别人对自己的看法。对我们大多数人来说，有一点害羞和社交焦虑是很有用的特质。如果你从不担心别人对你的评价，就可能会做一些会给自己带来麻烦的事情——总是直言不讳，不考虑自己的行为对他人的影响；上班迟到，不做准备就做报告；泄露需要保密的信息。过不了多久，其他人就会开始对你产生负面的看法，这就会产生消极的后果。一定程度的社交焦虑会保护你不去做可能导致严重后果的事情。

❤ 害羞和社交焦虑在什么时候会成为困扰？

当社交焦虑发生得太频繁、太强烈时，就会成为一个问题，以至于这个人受焦虑困扰的程度到了无法正常工作和生活，甚至无法实现重要的人生目标的地步。例如，一个销售人员如果在与潜在客户交谈时变得焦虑且无法开口，他可能会发现焦虑减弱了自己获得良好收入

第1章
理解害羞和社交焦虑

的能力。同样,一个女人想要谈恋爱,却因为害怕给人留下不好的印象而拒绝了所有的约会,她很可能会因为焦虑而感到气馁和停滞不前。在这些情况下,社交焦虑显然是一个严重的问题。

当社交焦虑成为一个严重的问题时,心理健康专业人士通常将这种情况称为社交恐惧症或社交焦虑症。这是一种极端形式的社交焦虑,会对日常功能造成相当大的困扰或损害。社交恐惧症会对个人生活的许多不同领域产生严重影响,包括亲密关系、教育、职业、社交生活、爱好和其他功能领域。

关于社交恐惧症有多普遍,某些研究结果之间存在分歧。但根据加拿大研究人员的一项研究,我们最准确的估计是,它可能在总人口的7%的范围内。换句话说,几乎每15个人中就有1个人患有社交恐惧症,更多的人有轻微的社交焦虑,这可能时不时地成为一个问题。尽管不同的人表现焦虑的方式不同,但社交焦虑在男性

再见，社交焦虑

和女性群体中都时常发生，而且是跨文化的。

> ### 练习：害羞是如何影响生活的?
>
> 打开你的日记本，在题为"害羞是如何影响我的生活的？"的新的一页上，写下你的害羞或社交焦虑是如何影响你的生活的。如果害羞或表现焦虑对你来说不是问题，事情会有什么不同？你会有更多的朋友，不同的朋友，不同的工作，不同的爱好吗？你会怎样安排你的时间？你和别人的关系会发生改变吗？

社交焦虑的原因

没有人确切地知道是什么导致人们患有社交焦虑，

第1章
理解害羞和社交焦虑

尽管我们确实知道一些最有可能发挥作用的因素。害羞和社交焦虑的潜在原因很复杂，也因人而异。

和其他形式的焦虑一样，社交焦虑可能是作为一种保护我们免受潜在危险或威胁的方式在进化中发展起来的。正如前面提到的，社交焦虑能帮助我们抑制冲动，所以我们不会不断地采取一些自己以后会后悔的言行。尽管如此，对一些人来说，焦虑是过度的、脱离现实且通常没有帮助的。换言之，过犹不及。

几十年来，研究人员一直在试图了解导致我们中的一些人在社交焦虑方面出现严重问题的因素。他们发现的一些因素包括以下几点。

遗传基因。 社交焦虑倾向于在家族中遗传。据统计，如果一个人的父母或兄弟姐妹中有人患有社交恐惧症，那么他患社交恐惧症的可能性是那些家庭成员没有社交恐惧症的人的十倍。此外，有一些证据表明，基因（而不仅仅是环境心理因素，如习得）可能在一定程度

再见，社交焦虑

上解释社交焦虑的代际传递。通常与社交焦虑相关的特征（如内向）往往具有相当的遗传性。

大脑。最近的研究表明，当一个人经历与社交或表现情境相关的焦虑时，大脑的某些区域比其他区域更活跃，这是由不同大脑区域的血流差异所导致的。此外，对社交恐惧症的治疗（药物治疗或心理治疗）似乎会导致这些脑活动模式的改变。尽管研究结论各式各样，但神经递质（将信息从一个脑细胞传递到另一个脑细胞的化学信使）很可能也在社交焦虑中发挥了作用。

习得。众所周知，习得和经验在恐惧的形成过程中起着重要作用。在某些情况下，消极的生活经历（如童年时被嘲笑或贬低）可能会导致当事人有更严重的社交焦虑。和害羞或有社交焦虑的人一起长大也可能会有影响，因为我们经常通过观察他人（包括我们的父母）来学习如何表现。最后，不断被告知给别人留下好印象是多么重要，这可能会导致一些人过度担心犯错误和被负

第1章
理解害羞和社交焦虑

面评价。

焦虑的信念。 如前所述,一个人的信念似乎也会导致在社交场合感到焦虑的倾向。如果社交场合被错误地视为有危险或威胁,持这种观点的人在面对这些场合时更有可能感到不舒服。有社交焦虑的人通常认为:给别人留下积极印象非常重要;自己很可能给别人留下消极的印象;这种消极印象造成的后果将是一场灾难。毫无疑问社交焦虑对一些人来说是一个长期问题。

焦虑的行为。 正如本章前面所讨论的,像回避这样的焦虑行为会使害羞和焦虑的感觉长期持续。你越试图避免让自己感到焦虑,或不给人留下坏印象,就越有可能继续感到焦虑。克服害羞需要你去面对让自己感到不舒服的状况。

再见，社交焦虑

> **练习：导致社交焦虑的因素是什么？**
>
> 你是否意识到了任何可能导致社交焦虑的因素？如果是的话，把它们记录在日记中。为了帮助你练习，请回答以下问题：你在社交或需要表现能力的场合总是感到焦虑吗？你在社交场合有过什么负面的经历吗？你的父母或其他家庭成员很害羞吗？你是否可能从他们那里习得了这些情绪？

综述：社交焦虑的有效干预方法

应对焦虑有很多不同的方法。经过精心设计的科学研究，本书所讨论的方法已经被证明非常有效。这些治疗通常分为两大类：认知和行为疗法（CBT）和药物治疗法。第 6 章介绍了帮助治疗社交焦虑的药物治疗法。

第1章
理解害羞和社交焦虑
———

第3章至第5章介绍了处理社交焦虑的认知和行为技巧。这包括学习改变焦虑想法的认知策略，学习如何直接面对引发焦虑的社交情境的技巧，以及学习如何进行更有效地沟通的训练。总之，这些CBT为学习如何在社交场合更有效地应对害羞和焦虑的感觉提供了经得起验证的方法。

第 2 章

为改变
制订计划

再见，社交焦虑

第 1 章介绍了害羞和社交焦虑的本质，也为你提供了可用的治疗方法概览。现在，本章的目的是帮助你判断自己是否准备好开始努力克服社交焦虑，并决定自己要做出什么样的改变。

这是做出改变的最佳时机吗？

正如第 1 章所述，社交焦虑和害羞并不一定是个严重的问题。大多数人都会时不时地经历过度的社交焦虑，但他们过得还不错。即使社交焦虑成了严重的问题，他们也不一定非得把一切都放到一边，马上专注于克服焦虑。事实上，你可能有其他的需求或优先事项，随时对你减轻社交焦虑的计划造成干扰。

虽然从来都不存在一个踏上改变之路的完美时机，但如果你对以下问题的答案是肯定的，那么你大概率会从这本书中获益良多。请选出合适的答案。

第2章
为改变制订计划

- 你想变得不那么害羞或社交焦虑吗?

是 否

- 如果你在社交场合变得更自在,你的生活质量会提高吗?这对你很重要吗?

是 否

- 你愿意在短期内感到不舒服,以便在以后的社交和表演场合变得更舒服吗?(注意,克服焦虑通常包括面对恐惧的情况。)

是 否

- 在接下来的几个月里,你是否能够投入大量的时间(例如,每周5到10个小时)来解决你的社交焦虑?

是 否

- 如果你有其他的困难(如家庭问题、工作压力等),你能在某种程度上把这些问题放在一边,专注于改变自己的社交焦虑吗?

是 否

再见，社交焦虑

另一个需要考虑的问题是，你的社交焦虑是不是另一个问题的结果。例如，如果你饮食习惯有问题，所以非常担心别人对你的体重或饮食习惯给予负面评价，你可能会发现，如果不先努力改变自己有问题的饮食习惯和体重，就很难改变自己的社交焦虑。如果你的社交焦虑与被他人觉察到你的其他问题症状有关，比如饮食失调、抑郁、药物滥用，甚至是某种生理疾病，本书中的策略可能仍然有用。尽管如此，找到办法来处理导致你社交焦虑和害羞的其他问题可能也很重要。

改变的成本与收益

决心解决自己的社交焦虑问题既有成本也有收益。这些益处可能包括增强自信、在社交场合更自如、更享受生活、改善人际关系、获得新机会（如结交新朋友，得到新的工作机会），以及掌握一些可以解决其他情绪问题的学习策略，如控制愤怒或改善抑郁情绪。

第2章
为改变制订计划

典型的成本包括阅读文章和做练习所需的时间、必须采取会暂时增加焦虑感的行动、轻微的副作用（如果你选择服药，请参见第6章）以及财务支出。例如，你将要额外花钱出门社交、支付药物或心理治疗费用（如果你决定找专业心理治疗师的话）。你必须做出的判断是：变得不那么社交焦虑的收益是否超过了其潜在的成本。如果确实如此，那么试着减少自己的社交焦虑可能是值得的。

练习：改变的成本和收益是什么？

现在，在日记本上写出将在你努力克服害羞和社交焦虑的过程中所产生的收益和成本。这可能包括前面已经列出的一些例子，但它们也可能包括根

再见，社交焦虑

据你的个人情况所特有的成本和收益。

确认要改变的情境

有许多不同的社交场合会引发你的焦虑。为克服焦虑做准备的第一个重要步骤是确定自己想改变什么和以什么顺序来做出改变。你可以问自己以下几个问题：

哪些情境会引发我的焦虑？ 这些例子可能包括结识新朋友、闲聊、发起谈话、持续谈话、约会、家庭聚会、打电话、谈论自己、与同事共进午餐、成为他人关注的焦点、在他人面前犯错误、写作、吃喝、健身、使用公共浴室、公开演讲、参加会议或被他人观看。

以下哪种情境对我来说最重要？ 在哪些情境下，焦虑对我的生活方式影响最大？

在哪些情境下我的焦虑最容易改善？ 在这些不同的

第2章
为改变制订计划

情况下,克服焦虑的障碍是什么?

> ### 练习:给困难情境评级
>
> 在日记中列出你觉得困难和不舒服的社交情境。然后,在其中每一项的旁边,标出一个等级,以反映在那个情境下感觉舒适对你来说有多重要。使用从0~100的范围,其中 0 = 完全不重要,100 = 极其重要。
>
> 在阅读本书中的材料的同时,要从对你来说最重要的情境开始完成任务。花大量的时间去学习如何适应那些你并不真正关注的情境是没有意义的。通常情况下,人们会从一些有挑战性,但又不会过于困难的情境开始改变。如果你从更容易处理的情

再见，社交焦虑

境开始练习，将更有可能在改变过程的早期获得一些成功，这将赋予你应对后面更具挑战的情境的勇气。

设定目标

设定目标是克服害羞和社交焦虑的重要部分。明确设定的目标将帮助你在实现它们的过程中不脱离正轨。设定目标也可以评估你是否真的做出了改变。当你设定目标时，试着让目标尽可能具体。你的目标越详细，就越容易理解需要做什么来实现它，并衡量你是否实现了它。这里有两个笼统目标的例子，它们太过模糊以致没有作用，但每个总体目标之后都有一个更详细的具体目标，其表述可能会更易于有效实施。

总体目标： 在人群中感觉更自在。

第2章
为改变制订计划

具体目标： 在办公室聚会上轻松地闲聊，同时与他人进行眼神交流，并且说话的声音要大到别人能很容易地听到。

总体目标： 在公共场合演讲时只感到轻微的焦虑。

具体目标： 在有四五个同事在场的会议上，就某个自己非常熟悉的话题做报告时，只感到轻微的焦虑。

为短期目标、长期目标和两者之间的各种其他时期定义目标也很有用。短期目标是近期的目标或意图（例如，今天、明天或下周）。中期目标可以反映你想在未来几个月取得的成就。长期目标是那些你想要在几年内实现的目标。

短期目标： 周一去找詹妮弗（Jennifer），邀请她下个月和我一起参加我哥哥的婚礼。

中期目标： 在接下来的四个月里，把约会的频率提高到大约每周一次。

长期目标： 两年内确立一段稳定的恋爱关系。

再见,社交焦虑

你可以为任何自己觉得合适的时间区间设定目标。在某些情况下,你可以设置更短期的目标(例如,你想在接下来的几个小时里实现什么),或者长期的目标(例如,你希望自己在 20 年内的职业生涯中达到什么目标)。

练习:列出目标清单

在日记里列出关于克服害羞和社交焦虑的目标。试着制订 10~20 个目标,分为短期目标、中期目标和长期目标。记住,要尽可能明确你想要实现的目标,以及实现目标的时间表。

第2章
为改变制订计划

❤ 保持合理的期望

历经多年，你才成为现在的样子，所以读过这本书之后，一切都在一夜之间改变是不合理的。在使用书中介绍的策略来改善社交焦虑后，虽然一些人确实发生了戏剧性的转变，但对大多数人来说，这种变化是逐渐发生的。此外，不时地，那些成功克服了社交焦虑的人可能仍然需要继续与社交焦虑做斗争，只不过焦虑程度通常较轻。如果你使用了这些章节中描述的技巧，很有可能会显著减轻自己的害羞和焦虑。然而，如果你在某些情况下或其他时间继续经历焦虑，不要感到惊讶。事实上，和其他人相比，你可能只是害羞。这本书的目标不是完全消除焦虑，而是降低你的焦虑程度，使它对你日常生活的干扰比之前少得多，并帮助你达到一种状态，让你不再那么担心自己的表现。

第3章

改变
思维方式

再见，社交焦虑

想象一下，如果你相信我给别人留下负面印象的可能性很小；留下负面印象的后果很轻微，换句话说，大多数时候人们怎么看你并不重要。这会对你的害羞和社交焦虑有什么影响吗？研究害羞的科学家们往往发现，人们的信念、解释、假设、预测和记忆过程在他们是否倾向于在社交和表现场合中产生过度的焦虑方面起着重要作用。具体来说，研究人员发现，平均而言，与社交焦虑程度较低的人相比，非常害羞或社交焦虑的人往往：

- 对自己的表现更挑剔，比如在谈话或演讲时。
- 他们对自己表现的负面评价要高于中立的旁观者。换句话说，如果你特别害羞，别人可能不会像你想象的那样批评你的行为。相比之下，对于社交焦虑程度较低的人，自我评价和旁观者的评价往往非常接近。

第3章
改变思维方式

- 假设消极的社会事件更有可能产生极端的消极后果。在对社交焦虑进行治疗后,这种倾向性会降低。
- 花更多的时间(当阅读单词列表时)注视他们认为具有威胁性的单词,如"演讲",而不是更中性的单词,如"房子"。研究人员将这些发现视为社交焦虑与过度关注社交场合中可能存在的"危险"信息的倾向有关的证据。
- 把模糊的面部表情(比如某人脸上的"平淡"表情)理解为消极的。非常害羞的人也能更好地记住他们以前见过的人脸的照片,特别是那些表情消极的脸。
- 把自己和那些他们认为比自己优秀得多的人比较,这通常会导致焦虑和抑郁水平的增加。相比之下,社交焦虑程度较低的人更倾向于将自己与他们认为与自己相似或比自己差的人进行比

再见，社交焦虑

较，在进行社会比较后，他们往往不会感觉那么糟糕。
- 高估自己焦虑躯体症状（如脸红）的明显程度，且他们倾向于高估自己表现出的焦虑躯体症状被他人消极评价的程度。

综上所述，这些研究清楚地表明，害羞与消极的思维方式有关，而且这种模式可能会使个体的社交焦虑长期维持在较高水平。

认知和行为疗法

20 世纪 60 年代，对各种担忧想法在焦虑的发展和维持中所扮演的角色进行系统研究之前很久，一些有影响力的心理学家和精神病学家开始在他们的客户和病人身上观察到消极思维和消极情绪（如焦虑和抑郁）之间的密切关系。这些人中最著名的可能是精神病学家亚

第3章
改变思维方式

伦·T. 贝克（Aaron T. Beck），心理学家阿尔伯特·埃利斯（Albert Ellis）和唐纳德·梅肯鲍姆（Donald Meichenbaum）也在这一领域做出了重要贡献。这些先驱们都开发了自己的专门疗法来改变消极思维，从而减少消极情绪的影响。这些治疗方法有许多共同的特点，尽管它们之间也有细微的差别。

贝克的治疗形式被称为认知疗法（认知这个词指的是思考），在焦虑症领域特别有影响力，本章的很多内容都来自他的著作。此外，本章描述的一些策略可以归功于第二代认知疗法的先驱，他们将贝克的研究成果应用到社交恐惧症、害羞和相关病症的治疗中。其他一些涉及本章内容的人物包括心理学家理查德·海姆伯格（Richard Heimberg）、荣·卢比（Ron Rapee）和精神病学家戴维德·本斯（David Burns）。

认知疗法的基本假设是，人们的焦虑、抑郁和其他负面情绪直接受到他们对事件和状况的解读方式的影

再见，社交焦虑

响。基本上，如果你把一种情境解读为安全，你就会感到舒适和满足。然而，如果你认为某个情境是有威胁或危险的，就更可能会感到焦虑、恐惧和不舒服。

我们对局势危险程度的评估大都不符合现实。有时人们低估了危险程度（例如，醉酒驾驶），有时人们高估了危险程度（例如，避免乘坐飞机，尽管实际上只有千万分之一的商业航班以事故告终）。认知疗法假设引发焦虑的不是环境本身，而是我们对这些情境的解读。

认知疗法有几个目标：

- 帮助个体更加深入地意识到促使他们产生消极情绪的观念、预测和假设。
- 鼓励人们将使自己产生消极情绪的观念视为对事物可能存在的方式的猜测或假设，而不是明确的事实。
- 用更真实的假设和观念取代不现实的假设和观念

第3章
改变思维方式

是一种思维方式，以全面的眼光看待事物，考虑到所有支持和反对某一观念的证据，并进行小试验来测试消极信念是否真实。

识别令人焦虑的想法

在开始改变令人焦虑的想法之前，能够识别它们是很重要的，最好是一产生就能识别。对一些人来说，意识到自己的焦虑想法很容易。而对其他人来说，也许比较困难。焦虑的想法可能是如此地根深蒂固、习以为常和自动产生，以至于它们发生在你能觉察到的意识范围之外。如果你是这样，可能会在社交场合中感到恐惧或不适，但并不真正知道自己在害怕什么。通过练习，你会更容易识别自己的想法。然而，如果你仍然很难识别出焦虑的想法，不要绝望。即使你永远无法识别自己的某些焦虑想法，仍然可以使用本书讲解的其他策略，并从中受益。

再见，社交焦虑

认知治疗师对消极思维主要有 2 种不同的分类方法。第一种，他们经常讨论不同层次的消极思维，从由特定情况引发的相对快速产生的想法，到影响一个人如何看待世界的最深层次假设。第二种，对消极思维方式进行分类的方法是根据认知错误的具体类型进行分类。这些讨论消极思维的方法都很有用，下面将对它们进行回顾。

消极思维的层次

认知治疗师通常将消极思维分为三个层次：消极自动思维、中间信念和核心信念。所有这些思维，或其中任意一种都会导致害羞和产生社交焦虑的感觉。

消极自动思维通常是在特定情境下被触发的信念。这个过程可能发生得非常快，以至于你可能意识不到，通常会导致某种情绪或行为反应。在社交焦虑的情况下，情绪反应可能是恐惧或焦虑，而行为反应通常包括试图逃离社交情境，或采取一些其他行为来减少不适和

第3章
改变思维方式

保护自己免于受威胁。通常,消极自动思维并不符合现实。相反,它们带有消极倾向的偏差。

消极自动思维的例子包括:

- 这场聚会里没人想和我说话。
- 我的报告进展不顺利。
- 人们会注意到我的手在颤抖。
- 我在出丑。
- 我永远也得不到我想要的那份工作。
- 人们觉得我很无聊。

中间信念发生在比消极自动思维更深的层次上。事实上,在适当的情况下,中间信念可以产生消极自动思维。中间信念是人们所认定的关于事物现状或应该如何发展的规则。有时,它们可以用"如果……那么……"来表达。

再见，社交焦虑

中间信念的例子包括：

- 如果人们注意到我出汗，那么他们就会认为我有严重的问题。
- 如果我犯了错误，那么人们会认为我是个白痴。
- 让每个人都喜欢我是很重要的。
- 我必须隐藏自己的焦虑情绪。

核心信念代表着最深层次的思考。这是人们对自己和世界最基本的假设。核心信念通常是非常强烈的，可以对我们产生深远的影响。这些信念往往是很难改变的，就好像它们是我们基本人格的一部分。

核心信念的例子包括：

- 我不能被信任。
- 我是一个不讨人喜欢的人。

第3章
改变思维方式

💗 思维错误是如何导致焦虑的？

本节回顾了人们在社交和表现情境中经常误解、误会和误判的一些具体方式。头脑中的这类想法越多，个体可能经历的恐惧和焦虑就越多。请记住，这些想法的思维错误类型之间并不是互斥的，因为一个特定的想法可能属于多个类型的思维错误。例如，"我的老板会认为我不称职"的想法可能同时是高估概率和读心术的一个例子。

此外，要记住，犯这些类型的"思维错误"并不意味着你很愚蠢或不知道如何思考。每个人都会不时地做出错误的判断并可能会采取扭曲自己的思维的行为方式。智力和焦虑之间没有太多关系。此外，扭曲的思维本身并不是问题。在过度社交焦虑的情况下，一个人的思维是有偏见的，它增加了个体在社交场合的焦虑和不适感，进而导致人际关系或生活中其他方面的损害。问题在于扭曲思维的后果。

再见，社交焦虑

假设最坏的情况会发生

高估概率包括对坏事发生概率的夸大认知，或预测坏事很可能发生，即使在现实中，它不太可能发生。高估概率的例子包括：

- 认为自己永远找不到工作，即使你发送简历或工作申请后找到工作的概率相当大。
- 尽管大多数观众都认为你的演讲很好，但你却坚信自己会在演讲中出丑。
- 确信聚会上的其他人不太可能觉得你有趣，即使认识你的人认为你很有趣。
- 认为别人一定会注意到你颤抖的手，即使大多数人甚至都没有注意到你的手。

灾难性思维

灾难性思维（也被称为"灾难化"）涉及夸大特定

第3章
改变思维方式

事件或后果的严重性。通常,这包括预测某种特定的后果将是完全无法控制的、压倒性的和可怕的——尽管在现实中,即使那可怕的后果真的发生了,也是可以被控制的。灾难性思维的例子包括:

- 如果我在别人面前脸红,那就太可怕了。
- 如果有人注意到我汗流浃背,那就太糟糕了。
- 如果我在讲话时不小心说错了话,那就太尴尬了。
- 我受不了别人生我的气。

非黑即白的思维

非黑即白的思维是一种倾向于非对即错地看待事物,而不能够考虑事物的灰色地带的思维方式。这种类型的思考包括对情况的过度简化,以及将自己的表现视为对或错(或好与坏)的偏见。当人们陷入"非黑即白"的思维时,他们看不到情况的复杂性,也看不到关

再见，社交焦虑

于事物发展的规则有例外。完美主义通常与非黑即白思维联系在一起，这个主题将在第 10 章中讨论。非黑即白思维的例子包括：

- 哪怕只有一个人不喜欢我，我也会觉得自己是个彻头彻尾的失败者。
- 我必须总是给我遇到的每个人都留下一个完美的印象。
- 我应该能够在任何时候控制自己全部的焦虑症状。

读心术

读心术包括在没有任何确凿证据的情况下对他人的想法做出假设。这种特殊的认知错误对于那些非常害羞或社交焦虑的人来说是一个很大的问题。事实上，社交焦虑的定义正是个体担心被他人负面评价。假设别人对你有不好的想法本质上是读心术的一种形式。一些可以

第3章
改变思维方式

被认为是读心术想法的例子包括:

- 我的约会对象觉得我没有吸引力。
- 别人觉得我很无聊。
- 如果我的老板注意到我的手在发抖,他会认为我太紧张了,不适合这份工作。

个人化

个人化包括在社交场合的消极结果中责备自己(并且只责备自己),即使情况是复杂的,可能有许多因素造成了这个结果。下面是一些例子:

- 你认为,如果你的配偶生你的气,那就证明你是一个有问题的人。同样有可能的是,你的配偶陷入了扭曲思维,对某些情况反应过度。或者,也许你的所作所为和你配偶的过度反应加在一起导

再见，社交焦虑

致了冲突。

- 你认为有观众犯困就说明你不是一个好的演讲者。但实际上有很多因素决定了观众的兴趣水平——主题、演讲的时间段、演讲的长度、演讲者的风格以及演讲内容与观众需求的相关性。
- 你认为对话冷场是你的错。但其实双方都有责任让对话继续下去。当然，这并不是说谈话是否冷场真的很重要，所有的对话最终都会结束。

选择性注意和记忆

选择性注意和记忆指的是一个人倾向于只关注与自己信念一致的信息。在社交焦虑症中，这包括过度密切关注自己被负面评价的信息。这种思维方式的例子包括：

- 在完成年度工作绩效评估后感觉很糟，因为自己

第3章
改变思维方式

只关注一两个需要改进的地方,而忽略了报告中其他积极的评价。
- 特别注意那些在自己的演讲中显得无聊或不安的观众,忽略那些看起来很享受演讲的人。
- 回想那些自己因长相或行为方式而被别人取笑的细节,但不会多关注这些年来自己收到的积极反馈或赞美。

弄清楚你在想什么

对许多人来说,在改变焦虑想法的过程中,最困难的步骤是在第一时间意识到哪些想法属于焦虑想法。正如前面所述,想法、假设和预测经常发生得如此之快,以至于我们都没有意识到它们。如果你在辨别自己焦虑的想法上有困难,这里有一些可能会对你有用的策略。

再见，社交焦虑

- **留意自己焦虑情绪的变化，无论多么微小。** 当你注意到自己感到的焦虑有所增加或减少时，就该问问自己："我现在在想什么？""和几分钟前相比，我的想法有什么变化？"

- **记住，大多数焦虑的想法可以用预测的形式表达出来。** 问问自己："我认为之后会发生什么？""这个人（或这些人）会怎么看我？"

- **有时，焦虑的想法是非常普遍的**（比如认为有人不会喜欢你）。其他时候，他们可能更具体，专注于一种信念，即认为他人不会喜欢你的某个方面或你做的事。为了更具体地识别、预测焦虑，试着问自己："我害怕别人认为我不称职／书呆子／丑／无聊／愚蠢／没有价值／弱小／疯狂／过度焦虑吗？"

- **如果你害怕别人注意到你的焦虑表现，试着找出你认为他们最可能注意到的症状。** 是颤抖／出汗／脸

第3章
改变思维方式

红/嗓音变化/紧张的表情/无法思考吗?

- **通常,人们对别人的评价感到焦虑的原因是,他们认为别人的负面评价要么会导致严重的负面后果,要么可能说明他们确实有问题。**换句话说,如果你在社交场合感到焦虑,你可能会认为自己理当被别人评头论足,认为别人在你身上看到的缺点是真实的。为了识别这些想法,问自己这样的问题会有帮助:"如果我的约会对象不想再和我出去了怎么办?那对我意味着什么?"或者"如果观众觉得我的演讲过于简单,会发生什么事情?"

练习:识别和记录你的焦虑想法

当焦虑的想法出现时,将其记录下来是很有用

再见，社交焦虑

的。在接下来的几周内（或者在你学习这本书中的策略期间），试着在日记中识别并记录自己的焦虑想法。如果在某些情况下不方便记录想法（例如，在你演示的过程中或与朋友共进晚餐时），试着在进入这种情境之前或离开情境之后立即记录引发自己恐惧的预测和信念。

改变焦虑想法的策略

为了将害羞和社交焦虑降低至一个更容易控制的水平，改变自己看待人际互动的方式很重要，这样才能学会不那么关心自己给他人留下的印象。这并不是说别人对你的看法一点都不重要。可以肯定的是，我们都会时不时地对别人评头论足，在某些情况下，给别人留下不好的印象会导致严重的负面后果。然而，在大多数情况

第3章
改变思维方式

下,我们无法控制自己给别人留下的印象,也通常不知道别人在想什么。对于别人会注意到什么、他们觉得什么有吸引力或没有吸引力,我们的猜想往往是错误的。而且,幸运的是,大多数时候,给别人留下不好印象的后果并没有我们想象的那么严重。

本章的目标是帮助你停止假定自己的焦虑信念是正确的,并开始从更全面的视角来看待形势,不仅考虑自己对状况的解读和信念,也考虑以其他可能的方式来看待社交情境和个人表现。记住,引发焦虑的不是令人恐惧的情境,而是你看待这些情境的方式。在接下来的章节中,将介绍挑战焦虑想法的具体方法,并用更平衡或符合现实的思维方式来看待令你感到不适的情境。

考虑替代信念并检查证据

与其把引发焦虑的信念当作铁定的事实,不如把它们看作是对事物的猜测,并检查所有支持或反驳你信念

再见，社交焦虑

的证据，这样会更有帮助。当你有焦虑的想法时，可以问自己一些有用的问题，包括：

- 事实是什么？
- 有什么事实可以支持我的焦虑想法？
- 有没有一些事实不支持我的焦虑想法？
- 支持我焦虑想法的事实是铁定真实的，还是它们也可能支持另一个想法？
- 更中立全面的看法是怎样的？
- 还有其他看待这个问题的角度吗？
- 我的预言会成真吗？
- 关于我的想法成真的可能性，过去的经验告诉了我什么？
- 是否有事实或统计数据可以帮助我判断自己预测的是否可能成真？

第3章
改变思维方式

通过考虑其他的原因和解读,并允许自己查验所有的证据,你可能会发现你最初的信念并不像它看起来的那样"正确",这种认知应该有助于你减轻焦虑。这里有一些例子,关于查验证据如何帮助减轻焦虑。

想象一下,你走在街上,看到一个不是很熟的同事。你和他打招呼说"你好",但对方没有回应。你会有什么感觉?对于一些非常担心自己被负面评价的人来说,这样的事件引发的感觉可能包括焦虑、悲伤或愤怒,尤其是当他们认为自己被对方忽视了的时候。容易出现消极的想法,比如"那个人甚至都懒得记起我是谁"或"我猜那个人不喜欢我",可能会让那些容易害羞和社交焦虑的人感到不安。但这是对这种情况唯一的解释吗?事实上,在这种假设的情况下,同事不跟你打招呼有很多不同的原因。也许同事分心了,或者没听到你打招呼。或者同事确实向你打招呼了,但你没有听到。还有可能是同事身体不舒服。也许他或她生病

再见，社交焦虑

了、抑郁了、心烦意乱或者饿了，所以不想打招呼。也许这个同事正赶着去某个地方，又或者此人很害羞。也许这位同事不是那种喜欢在街上停下来和别人打招呼的人。或者，也许那个人在日常工作的地方以外认不出你来。

换句话说，有很多与你无关的原因可以解释为什么那个人不和你打招呼。在查看了各种不同的解释后，你通常很容易发现，最初对焦虑的解释不太可能是真的。

但如果这是真的呢？如果同事不记得你是谁，或者如果同事不喜欢你怎么办？这会是毁灭性的吗？如果有人不喜欢你，这意味着什么？每个人都应该喜欢你吗？"每个人都喜欢我是很重要的。"有过度社交焦虑的人通常都有这种信念。每个人都喜欢你真的很重要吗？好吧，有些人喜欢你可能很重要，例如，你的老板和你的配偶。但如果一个不了解你的同事不喜欢你呢？这对你意味着什么？这是否意味着你有问题？问自己一些关键

第3章
改变思维方式

问题可以帮助你检查相关证据,从而得出一个符合现实的结论。

问自己关键问题

首先,你能想出所有人都喜欢的人吗?也许是名人,比如演员或政治家?无论你怎么努力,你可能都想不出一个所有人都喜欢的人。根据一些传记作家的文字记录,甚至连特蕾莎修女也有批评者!既然不是所有人都喜欢特蕾莎修女,你或我有多大可能被所有人喜欢呢?

有可能被所有人喜欢吗?有没有可能让每个人都觉得你有趣、有吸引力?同样,答案可能是否定的。在一个人眼中有趣、可爱、有吸引力的特质,恰恰是让另一个人觉得不那么有吸引力或可爱的特征。在现实中,人们会被不同类型的人、地点和活动所吸引。这一事实的一个后果是,你我永远不会被所有人喜欢。

我们用另一个例子来思考如何识别引发你社交焦虑

再见，社交焦虑

的想法。请想象自己在做报告时感到紧张。你意识到这点，你的手在颤抖，声音有点不稳定。你下意识的想法是，每个人都会注意到你的焦虑，他们都会认为你不知所云。你如何战胜这些想法呢？证据表明了什么？

这里有一些你可以问自己的问题，有助于你从不同的角度看待所遇到的情况。首先，每个人都注意到你焦虑的可能性有多大？有些人过于自我关注了，他们不会注意到你的任何部分，除非你打他们的头！如果你不相信这一点，就试着在公共场合引起别人的注意；有时候你会惊讶地发现这是多么的困难。

其次，即使有人注意到你颤抖的手和不稳定的声音，那个人会怎么看你？当然，对方可能会认为你不称职。然而，他也可能认为你很紧张（和大多数人公开演讲时一样）。这可能会帮你记住：无论何时做报告，对观众来说，你的报告只是他们一天中的一小部分，是他们生活中更小的一部分。他们会那么在意你的声音发抖

第3章
改变思维方式

的可能性非常小。

从本质上说,查验证据包括四个基本步骤:识别焦虑的想法,生成替代信念,检验证据,以及选择更符合现实的信念。下面是一个如何使用这种策略来处理与新邻居寒暄时感到焦虑的例子:

1. 识别焦虑的想法
- 这个人一定认为我很笨,因为我没什么可说的。

2. 生成替代信念
- 也许他没有注意到我无话可说。
- 尽管我话不多,但他也话不多。
- 也许他以为我只是心事重重或很匆忙。
- 也许他认为我有点害羞,而不是认为我笨。

3. 检验证据
支持焦虑信念的证据:
- 有人曾说我在社交场合比较安静。

再见，社交焦虑

- 在高中的时候，我被不认识的人取笑过几次，他们说我无能。

支持替代信念的证据：

- 我的新邻居似乎也有点不舒服。
- 有时对话很简短，人们不总是谈论有趣的事情，这是很正常的。
- 即使他认为我太安静了，也没有理由认为这是愚蠢的表现。事实上，智力与人们说多少话并没有太大关系。我认识很多话很多的人，但在我看来他们并不那么聪明。

4. 选择更符合现实的信念

- 也许我的邻居注意到我很安静，但他不太可能认为我笨。

第3章
改变思维方式

练习：评估证据

在接下来的几周里，或者只要你在使用这本书中的策略，试着通过这四个步骤来评估每次你在社交场合中经历焦虑的想法时的证据（如果可能的话，每周至少做几次）。先在纸上做练习。随着时间的推移，这个策略在你的头脑中会变得更容易实施，最终，它可能变成自动反应。

对抗灾难性思维

有一个简单且有效的方法来对抗灾难性思维。与其去想如果令人恐惧的想法成为现实会是多么可怕和难以控制，不如问你自己这样的问题：

再见，社交焦虑

- 如果我的预言成真了呢？
- 如果这种情况真的发生了，我该如何应对呢？
- 这件事有我想的那么重要吗？
- 如果我可怕的预言成真，从大局上看会有什么影响吗？明天它还重要吗？一个月以后呢？一年以后呢？

这个策略会帮你认识到消极的结果并不像你想象的那么重要。总的来说，约会时是否流汗并不重要。事实上，即使你的约会对象再也不想见到你，这也无关紧要。在约会时从不被拒绝，如果有这个可能，也是不寻常的。同样地，你可以在汇报时失去思路，你可以在谈话中变得无聊，你可以因为试图退回错误购买的商品而无意冒犯店员。所有这些类型的情况都会不时地发生在大多数人的生活中。它们让人不舒服，但产生的影响通常是极小的。

第3章
改变思维方式

> **练习：记录和测量你灾难性的想法**
>
> 在接下来的几周里，试着在日记中记录下自己灾难性想法的例子。你是否有时会认为某个特定的状况会变得完全无法控制？如果是的话，试着使用前面"对抗灾难性思维"部分中提供的一些去灾难化的问题。在练习之前和之后记录自己的焦虑水平。留意自己焦虑程度的任何变化。

切换视角

切换视角是减轻社交焦虑的另一种有效方法。如果社交焦虑对你来说是一个问题，很有可能是因为你对自己的要求比别人对你要严格得多。你对自己的要求也可能比你对别人的要求严格得多。更现实地看待某种状况

再见，社交焦虑

的一种方法是试着从一个没有社交焦虑问题的人的视角来看待这种状况。或者，你可以想象一下：如果别人在社交场合的行为和你一样，你会怎么想？这可能会对你有帮助。

这里有一些问题可以帮助你马上开始切换视角：

- 没有社交焦虑的人（例如我的爱人）会如何看待同样的情况？
- 如果我的爱人和我有同样焦虑的想法，我该对他或她说些什么呢？
- 我会鼓励另一个处在和我同样境况的普通孩子提什么问题（帮助他战胜自己焦虑的想法）？
- 如果另一个人在流汗（或发抖、脸红、说话不清等），我会怎么想？我会对那个人产生各种不好的看法吗？
- 如果人们注意到我以外的人（比如我最好的朋

第3章
改变思维方式

友)在做演讲时很焦虑,他们会怎么想?他们会像我想象的那样,在我做演讲的时候对我产生负面想法吗?

练习:切换视角

在接下来的几周里,当你在社交场合想到别人会怎么评判你的表现时,试着换个视角看问题。在练习之前和之后记录自己的焦虑水平。留意自己焦虑程度的任何变化。

❤ 行为试验

本节强调你需要学会像科学家一样思考。也就是说,在判断自己焦虑的信念是否正确之前,要考虑所有

再见，社交焦虑

的证据。不过，有时你可能没有足够的证据来得出一个符合现实的结论。这时，行为试验就显得尤为重要。这一策略包括通过进行系统研究来检验你的预测，就像科学家会做的那样。

行为试验不是通过被动地思考状况来改变你的想法，而是要求你实际参与某种行为，这样你就可以通过真实的经历来了解自己的焦虑想法是否有偏见或被夸大。看看下面兰迪（Randy）的故事。

兰迪是一名33岁的设计师，她正在接受心理治疗，学习如何管理她的社交焦虑。因为害怕认识新朋友，她已经很多年没有约会了，她经常感到很孤独。

一天，兰迪非常沮丧地来到心理治疗室。她刚从一家公共汽车商店回来，在那里的经历证实了她的看法：她不是一个合格的人。在咖啡店里，她注意到店里只有自己形单影只，而店里的其他客人似乎都很高兴和朋友约会。她的治疗师想知道兰迪是否有选择地只关注那些

第3章
改变思维方式

———

证实她焦虑信念的信息,而忽略了任何可能支持更平衡的观点的信息。因此,她的治疗师建议她尝试下面的试验。

兰迪被要求在会谈结束后立即回到同一家咖啡店,并随身携带一支笔和一张纸。她的任务是记录咖啡店里的每个客人,他或她是否独自一人,以及每个人看起来有多快乐,评分范围从 –100(非常不快乐)到 +100(非常快乐)。

当兰迪第二次回到那家咖啡店时,她确实注意到,实际上有相当一部分人是独自来的。此外,虽然有些人似乎很快乐,但也有一些人似乎很不快乐。且在大多数人身上,她真的看不出他们有多快乐。这段经历有力地证明,在她第一次去咖啡店时,对其他客人的关注有偏差。

你还可以尝试很多其他类型的行为试验。在设计一个合适的行为试验时,要问自己一个问题:"我怎么做

再见，社交焦虑

才能验证我的信念是否正确？"例如，如果你确信成为人们关注的焦点很糟糕，可以试着做些事情来吸引人们的注意力（例如，在公共场所丢下几本书）。如果你确信在汇报演示中忘词会是一场灾难，那就试着在演示时故意卡壳。或者，如果你认为你必须在谈话中有趣，就试着故意表现得沉闷一点，看看会发生什么。当然，在设计自己的行为试验时要有良好的判断力。不要做任何可能让你陷入麻烦的事情。例如，不要为了看看会发生什么而喊你的老板"白痴"。

练习：检验并记录你的焦虑信念

在接下来的几周里，做一系列小试验来测试你的焦虑信念和预测。在日记中记录下你在试验前一

第3章
改变思维方式

> 刻的想法。完成试验后，记录试验得出的结果。关于焦虑信念的有效性，这个试验教会了你什么？

排除困难

就像生活中的大多数事情一样，认知疗法也不总是进行得顺利。以下是人们在尝试使用本章描述的认知策略时经常遇到的一些典型问题，以及一些可能的解决方案。

问题：尽管能部分意识到自己的焦虑信念是夸大的，但我很难相信另一种"符合现实的"想法。

解决方法：这个问题经常出现在认知疗法中。一开始，这些策略可能看起来肤浅或刻意。解决办法就是坚持下去。通过练习，更符合现实的替代信念会变得更强大。你可能还会发现行为策略，包括行为试验和暴露对

再见，社交焦虑

改变你的焦虑想法特别有效。

问题： 当我焦虑时，我无法清晰地思考以挑战歪曲信念。

解决方法： 如果你太焦虑而不能使用认知策略，那么试着在你不那么焦虑的时候使用它们。例如，你可以在进入一个可怕的情境之前使用它们，也可以在情境结束后使用它们。

问题： 我无法知道我焦虑的信念是否现实。

解决方法： 如果你多年来一直在逃避一个令人害怕的情境，那么当你冒险面对这种情境时，你可能不知道实际会发生什么。如果情况是这样，你就可能无法依靠自己过去的经验来确定自己的信念是否符合现实。然而，你仍然可以通过创造体验来获益，这些体验会为你提供可能缺失的证据，包括进行行为试验。

问题： 当我检查自己信念的证据时，得出的结论是我焦虑的想法的确是真的。

第3章
改变思维方式

解决方法： 在某些情况下，你焦虑的想法可能是真的。例如，有些人担心别人对他们的评价是负面的，且自己实际上的确是被他人忽视、嘲笑或不喜欢的。通常情况下，这是因为非常害羞的人有时会做一些让别人产生负面印象的事情。这些行为包括避免眼神接触、站得远远的和小声说话。非常害羞的人给人的印象可能是冷漠的，甚至是易怒或势利的。如果人们对你的评价是负面的，你的心理治疗应该聚焦在识别为什么会发生这种情况，然后尝试改变会导致他人消极反应的行为。关于提高人际交往能力的策略，请参阅第5章。

第 4 章

面对引发
焦虑的情境

再见，社交焦虑

在第 3 章中，你学到了一些策略，可以让你更清楚地意识到自己的焦虑信念，并用更符合现实的解释和想法来取代它们。改变你看待社交场合的方式是减少焦虑的最重要因素之一。除了第 3 章中的策略（如生成替代信念、检查证据等），另一种改变焦虑思维的有效方法是直接接触恐惧情境（暴露原则）。与第 3 章讨论的许多认知策略不同，暴露涉及为自己创造新的体验，以证明导致你社交焦虑的许多想法都被夸大了，或者是不真实的。

你能想出一个曾经让你害怕，但现在不再是问题的情境吗？例如，你是否曾经害怕开车（也许是在你第一次学开车的时候），或者害怕黑暗，或者害怕滑雪？当你回想第一次遇见你的爱人或最好的朋友时，还记得你们最初几次约会时的焦虑或紧张吗？几乎每个人都有感到紧张或害怕的情境。然而，我们中的大多数人也设法克服了至少一种或两种恐惧，这种恐惧在过去可能被你

第4章
面对引发焦虑的情境

认为是一个大问题。

现在,请你回想一个曾经令你恐惧的情境,你是如何设法克服它的?你为什么认为你不再害怕了?在许多情况下,当人们决定面对自己害怕的情境时,尽管不舒服,但他们也会自然地克服恐惧,也许是为了避免工作、生活或人际关系中的问题。经过反复练习,恐惧往往会减少。

在大多数情况下,面对你过度恐惧的情况,随着时间的推移,你的恐惧会减少。在各种文化中,暴露是一种有效地减少恐惧的方法,研究动物行为的心理学家发现,暴露也能减少动物的恐惧行为。本章概述了如何使用暴露原则来克服自己的恐惧。

回避行为的问题

当人们感到不舒服、紧张或害怕时,他们的自然倾向是尽一切努力让自己感觉更好。如果他们的恐惧是由

再见，社交焦虑

特定的物体或情境引发的，摆脱恐惧的最简单的方法就是逃离这种情境，或者完全避免这种情境。每当人们从恐惧的情境中逃脱时，就会强化逃避行为能让他们感觉更好的想法。因此，害羞的人或在社交和表现场合感到焦虑的人会倾向于避免唤起自己的恐惧，这不足为奇。

逃避不一定是坏事。大多数人都会时不时地回避一些情境。事实上，在一项调查中，有 77.8% 的人表示有强烈的避免社交的意愿，至少是不时地避免。我们并不需要去面对世上所有的情境，因为那会让你感到不舒服。如果你不喜欢坐过山车，就可以不坐过山车，而不会承担任何严重后果。

然而，当回避频繁发生时，当它导致干扰一个人的日常生活时（例如，错过社交机会，工作能力受损）或者当一个人的焦虑导致他的生活出现重大问题时，它就成了一个问题。换句话说，如果你经历了严重的害羞或社交焦虑，以至于它成为一个严重的问题并干扰了你的

第4章
面对引发焦虑的情境

生活,回避绝对是一种要打破的习惯。通过开始面对令人恐惧的情境,你会变得更加自信,你会知道自己最担心的事情不会成为现实。最终,你将开始体验较低水平的恐惧。

安全行为与社交焦虑

回避行为比简单地逃离一种情境或拒绝进入一种情境要微妙得多。通常,人们会找到一些方法来让自己在社交场合不感到焦虑。更微妙的安全行为包括:

- 在社交场合饮酒。
- 使自己从焦虑的感觉或不舒服的身体感觉中分散注意力(例如,试着回忆一些愉快的过往以避免自己注意到焦虑的感觉)。
- 提前到达聚会场所,以获得一个靠边的"好"座位,或者避免在大家都到达时成为被关注的焦点。

再见，社交焦虑

- 把谈话引向"安全"的方向（例如，问另一个人问题以避免谈论自己）。
- 只和话多的人交往，避免自己在谈话中说太多话。
- 化浓妆或穿高领上衣来掩饰脸上的红晕。
- 只在灯光昏暗的地方社交，这样人们就不会注意到自己焦虑的表现。
- 在决定是否参加聚会之前，先弄清楚谁被邀请参加聚会。
- 避免微笑或眼神接触，以免引起谈话。
- 过度准备演讲，确保自己绝对不会犯任何错误。
- 在去商店之前填好支票，以避免在收银员面前填写。
- 总是在出门之前上厕所，以确保自己不需要使用公共厕所。
- 避免进行那些引发恐惧症状（如脸红、出汗或颤抖）的活动，例如，避免在公共场合进行体力活动，因为运动会引发出汗。

第4章
面对引发焦虑的情境
———

和那些更明显的回避形式一样,微妙的安全行为通常能在短期内有效地减轻焦虑和恐惧。然而,从长远来看,它们会维持你的焦虑,因为它们阻止你了解某个情境是安全的。只要你从事这些安全行为,你就更有可能相信,你相对毫发无损地活下来的唯一原因就是这些回避行为。所以,作为对恐怖情境的一种暴露,你必须开始消除为了控制焦虑所做的许多小举动。许多对照研究已经清楚地表明,在治疗严重社交焦虑期间消除安全行为,同时将自己暴露在令人恐惧的环境中,与单独使用暴露疗法相比,带来了更多明显的改善。

练习:列出你的安全行为

在你的日记中,列出自己在社交场合中经常使用

再见，社交焦虑

的安全行为。当你不使用这些行为时会发生什么？

暴露疗法的规划

在开始使用暴露疗法之前，做一些计划将是有用的。具体来说，你需要十分清楚你倾向于回避的具体情境和引发你焦虑的情境；在这些情境中可能会使你产生恐惧的因素；你回避这些情境的微妙方式。你可能已经生成了一份恐惧情境列表（请参阅第 2 章中名为"给困难情境评级"的练习）以及一份微妙的回避行为列表（请参阅本章前面名为"列出你的安全行为"的练习）。你还没有完成的是列出一系列影响自己在社交场合中的恐惧程度的因素。在本节末尾的练习中你需要把它完成。

人们焦虑的严重程度往往取决于许多因素。例如，

第4章
面对引发焦虑的情境

与你交往的人的某些方面可能会影响你的恐惧程度。也许你发现与同龄人交往比与年龄大得多或小得多的人交往更困难。或者，也许是对方性格的某些方面（例如，对方有多好斗、坚定、自信或聪明）会影响你的舒适度。其他可能影响你的舒适度的因素可能包括对方的性别，你对那个人的了解程度，他是否已婚或处于恋爱关系中，以及你是否觉得那个人的外表很有吸引力。许多因素也会影响你的恐惧程度，包括灯光、在场的人数、你是坐着还是站着、你穿着什么，以及你是不是大家关注的焦点。

练习：列出影响你焦虑程度的变量

拿出你的日记本，在新的一页上列出你能想到

再见，社交焦虑

> 的所有因素，这些因素通常会影响你在社交场合中的恐惧或焦虑程度，往往会让你感到不舒服。

设立暴露脱敏的层级

一旦你确定了让自己不舒服的情境类型，在这些情境下影响你焦虑程度的因素，以及你通常用来应对这些情境的安全（或回避）行为的类型，下一步则是建立暴露脱敏训练的层级。各种暴露脱敏训练的层级是一系列令人恐惧的情境，按从最困难（顶部）到最容易（底部）的顺序排列。该层级用于指导个体的暴露脱敏训练。

通常情况下，人们会一遍又一遍地从接近层级底部的任务开始练习，直到做这些任务不再引发焦虑。然后，他们以循序渐进的方式向上移动到更难的任务，直

第4章
面对引发焦虑的情境

到最终清单上的大多数（如果不是全部的话）任务都几乎不能使自己在练习时感觉到焦虑。在设立暴露脱敏训练层级时，请记住以下几条准则：

- 尝试设置 10~15 个任务。
- 选择切合实际的任务（尽管它仍具有挑战性）。选择时常出现的情境，或者你可以按自己的意愿安排任务。
- 使任务尽可能具体。详细说明位置、在场人员，以及任何其他可能影响你的恐惧水平的因素。
- 如果你在各种社交场合中感到焦虑，可以考虑设立多个层级。举个例子，你可以在成为关注焦点的情境下（比如公开演讲）设一种层级，而另一种层级则适用于与他人进行人际接触的情境（比如约会或发起对话）。
- 不要担心自己是否已经准备好尝试暴露脱敏层级

再见，社交焦虑

中的所有任务。首先，你大概率可以尝试完成层级下半部分的任务。一般不太可能一开始就去完成层级顶端的任务。

表4-1是在大多数社交和表现场合中感到焦虑的个体的暴露脱敏层级示例。请注意，除了按难度顺序列出恐怖情境外，层级通常还包括评级（用0~100表示），以反映人们对每种情境的恐惧程度（0=不恐惧，100=最大恐惧）。有时，重新给层级中的任务评级可以有效衡量恐惧程度的变化。

表4-1 层级示例

情境	评级
在我家举办派对，邀请工作中的所有认识的人，避免饮酒	100
和我的爱人在同事家里参加聚会，避免饮酒	90
参加艺术展的开幕式，与其他与会者交谈，不喝酒	90
邀请一对夫妇来我们家吃晚饭	85

第4章
面对引发焦虑的情境

续表

情境	评级
与一位同事和一位我不太熟悉的人共进午餐	80
我晚上上课迟到了几分钟,所以当我走进教室就座时,所有同学都盯着我看	70
邀请另一对夫妇在餐厅共进晚餐	70
在电梯里和陌生人闲聊(比如天气)	60
早上上班时,告诉了同事我周末的安排	55
在我的办公桌上吃午饭,身边有旁观者	50
在银行填写表格,身边有旁观者	35
在加油站问路	30
把钥匙丢在人们可能注意到的公共场所	25

练习:创建暴露层级

在日记中根据你刚才读过的段落的指导,创建

再见，社交焦虑

自己的暴露层级。

暴露疗法指南

十有八九，你在社交场合中有过一些消极的经历。你可能犯过各种各样的社交错误，也可能让自己难堪过。这些社交场合中的负面经历可能会强化你的信念，即"最好的办法是在任何时候都尽可能地避免与他人接触"。如果是这样的话，你可能会问自己："如果接触社会环境在过去使我恐惧，那么现在又怎么能帮我克服恐惧呢？"如果说有什么不同的话，那就是你过去接触的社交场合似乎只会加深你的恐惧。

在你过去的体验与已被证明对克服焦虑和恐惧问题有用的暴露类型之间，存在重要差异。在过去，你体验的暴露通常是不可预料、短暂和不频繁的。此外，你可

第4章
面对引发焦虑的情境

能没有工具（如第 3 章中描述的认知策略）来有效应对你所担心的状况。你也可能过度依赖安全行为来对抗不舒服的感觉（例如，在聚会时喝几杯红酒）。

事实证明，短暂的、不频繁的、不可预测的接触并不是特别有益，甚至可能导致恐惧的增强。你在暴露脱敏过程中与自己的内心对话也会影响结果，而逃避恐惧似乎只会让事情变得更糟。

为了使暴露训练有效，应遵循以下准则。

训练应当可预测，并在你的控制之下。有意选择进入恐怖情境与被迫进入恐怖情境时的感觉相比，差异大得令人惊讶。记住，你正控制着局面，你是通过选择进入情境的。此外，预期内的暴露似乎比不可预计的暴露更有帮助。所以，提前计划暴露练习是个好主意，这样你就知道它们什么时候会发生。

能预见可能的结果以及如何处理这些结果也很有帮助。例如，如果你打算练习在电梯里与陌生人交谈，那

再见，社交焦虑

么要做好准备：有些人会积极回应，有些人会消极回应，而有些人则根本不回应。通过为可能出现的负面结果做好准备，当它发生时，你就不会那么震惊了。

时间要足够长。如果你只练习几分钟就离开现场，只会加强一个信念——减少不适感的最好方法就是避开这种情境并离开。如果你在情境中停留的时间更长（例如，一两个小时），你会发现即使不离开，自己的不适感也会减轻。如果某种情境本身就是短暂的，那么最好反复练习，直到你的恐惧减轻为止。例如，如果你害怕向别人询问信息，那你就试着在商场里站一个小时或更长时间，问几十个不同的人现在几点了。

频繁进行。当人们没有从暴露中受益时，通常是因为他们没有遵循这一准则。如果不经常进行，暴露就不会起作用。为了获得效果，你必须一有机会就练习。如果没有机会，就要创造机会。一般建议人们尽量每天都进行某种形式的暴露脱敏（至少一个小时）。每周至少

第4章
面对引发焦虑的情境

进行 4~5 次的练习,通常能在几周或几个月的时间内减少恐惧。

不要抗拒恐惧。抗拒恐惧只会让事情变得更糟。只要允许恐惧发生(并允许自己体验焦虑时产生的所有感觉),那么,你的恐惧程度会下降得更快。即使你在别人面前脸红、发抖或流汗,也要允许它发生。很多人都经历过这种感觉(见本章"暴露于引发焦虑的感觉"一节)。大多数人不会特别努力地去抗拒或隐藏这些症状。

消除安全行为。这只是一个提醒——除了将自己暴露在恐惧的环境中,开始减少使用安全行为也很重要。在初期,要完全消除它们可能太难了。如果是这样的话,那么在你感觉舒服些的时候,你可以慢慢地减少这些行为。

不急于求成,但也要积极推进。如果某项练习太难,那就尝试更容易的练习。循序渐进没有错,只要你

再见，社交焦虑

不断推进。然而，进度太慢也有些缺点。第一，如果你从最容易的任务开始练习，或者如果你非常缓慢地完成层级任务，进步将会很缓慢。第二，如果进度太慢，你可能会开始失去治疗的动力，并在获得更大的收益之前就放弃，如果你坚持下去，你可能会获得更大的收益。相反，进度太快的最大风险是你会感到不舒服。你需要确定怎样才最适合自己的步伐，以及你愿意在前进的道路上经历多少不适。

与不同的人在不同的环境中练习暴露。在练习中加入一些变化是很有用的。例如，如果你在和其他人一起吃饭时感到紧张，那么练习和不同类型的人（例如，朋友、同事和陌生人）一起吃饭，以及在不同类型的场所（例如，休闲餐厅、美食广场、高档餐厅、工作场所或自助餐厅）和别人吃饭，是很有用的。在不同类型的情境下练习会使你的症状得到更彻底的改善，并可能有助于防止未来焦虑复发。

第4章
面对引发焦虑的情境

为挫折做好准备。不幸的是,暴露脱敏的过程很少一帆风顺。你可能会遇到一些比预期中更好的状况,而另一些状况则更糟。你可能会遇到躯体症状特别强烈的时候,或者与你交往的人不是特别热情的时候。当进展不顺利时,不要气馁。随着时间的推移,积极体验将会增加,而消极体验将会减少。

不要追求完美。暴露脱敏练习并不是为了给别人留下完美的印象。一路走来,你可能会被别人评判,你甚至可能会让自己出丑(就像其他人时不时会做的那样)。利用暴露的机会来承担社交风险、尝试新事物,并更多地了解别人对你所作所为的反应。如果你犯了一个小错误,试着让它过去。如果完美主义容易给你制造麻烦,那么第10章中讨论的策略将对你特别有用。

预见焦虑。人们在进行暴露脱敏时常犯的一个错误是认为自己应该能在不感到焦虑的情况下进行练习。如果他们感到恐惧,或者如果有出汗、颤抖或脸红,他们

再见，社交焦虑

就可能会对自己感到失望，好像自己在某种程度上失败了。如果你是这些人中的一员，那么是时候改变你的期望了。你应该在暴露练习中感到焦虑，应该感觉到自己紧张时所体验的症状。理想的练习是让你体验恐惧，并坚持下去，最好是能坚持足够长的时间来减少恐惧。如果你在暴露练习中没有感到恐惧，那说明它可能还不够困难。

提前计划暴露练习。最好提前决定你打算做什么练习和什么时候做，而不是在最后一分钟凭感觉决定。即使你正处在比较焦虑的时期，进行暴露脱敏也是很重要的。一个有用的策略是在每周开始的时候，为接下来的七天规划好练习进度时间表。

用认知策略战胜消极思维。如果你在一次暴露练习后立即回顾练习过程不顺利的所有原因——你是如何让自己出丑的，以及你是如何在意别人在想关于你的糟糕评价——那么暴露练习就不会对你那么有帮助。如果你

第4章
面对引发焦虑的情境

倾向于在社交场合中往最坏的方面想,请在开始进行暴露脱敏练习之前、练习期间和练习结束后,尝试使用第3章所介绍的认知策略来帮助自己对抗消极思维。

暴露在引发焦虑的情境中

现在你了解了应该如何进行暴露练习,并且已经生成了自己的暴露脱敏层级,准备好开始面对自己害怕的情境了。将暴露视为一个持续的过程,这至关重要。仅仅阅读这一章并尝试做一些暴露练习不会为你带来显著的变化。和体育锻炼一样,基于暴露的脱敏需要频繁、持续的练习。在早期需要练习得更频繁,接下来一旦焦虑水平降低,偶尔进行暴露练习应该足以维持已有的成效。

这里有一些进行暴露练习的方法,你可能会发现这些方法对处理特定场合下的社交恐惧很有用。请注意,如果在特定场合中练习暴露太难,就可能需要从模拟或角色扮演来练习暴露开始。例如,如果真正的工作面试

再见，社交焦虑

看起来太可怕，那就从与朋友或家人一起做一些模拟面试开始。当这些都变得容易时，再试着去参加一次真正的面试。

公开演讲和表演

如果你有机会在公共场合讲话，那么要好好利用这个机会。这些练习可能包括在会议上发言，在课堂或公开演讲中提问，在工作中做报告，或在聚会、晚宴上祝酒。如果这些机会不是自然产生的，你就需要创造机会。可以自愿向当地学校的一些学生介绍你的工作，或者参加关于戏剧、音乐或公共演讲的课程。

非正式社交和闲聊

日常社交的机会可能每天都会出现——你需要充分利用它们。如果在小组中与他们闲聊太困难，可以从简短的社交接触开始。例如在公共场所（如购物中心）向

第4章
面对引发焦虑的情境

陌生人询问时间或方向。或者,你可以在公共汽车站或其他公共场所练习向一起排队的人问好。当你开始一份新工作时,与同事聊天、与朋友或熟人共进午餐也是闲聊的理想机会。其他选择包括参加社交活动(如社区舞会、艺术画廊开幕、班级聚会、假日派对),在外出遛狗时与其他狗主人交谈或邀请朋友来家里吃饭。

一开始,你可能会觉得自己无话可说,但等到焦虑水平降低时,就会感觉容易多了。记住,暴露练习的目的不是娱乐和诙谐。目的是帮助你在社交场合中感觉更舒服。如果你碰巧也很有趣和机智,这将会是一个额外的收获。第5章和第7章也会介绍一些办法,可以帮助你缓解闲聊时产生的焦虑。

处理冲突和惹恼他人的可能性

每个人都会在与他人相处时遇到难题。害羞或社交焦虑的人通常想要回避这种情况。这里并不是鼓励你故

再见，社交焦虑

意对别人不好，或者故意做一些让他们不高兴的事情。然而，当可能带来的不良后果很小，你几乎没有什么可失去的时候，考虑维护自己的权利也是合理的，即使也有那么一点让别人不高兴的可能性。

示例可能包括：在餐馆里把一份糟糕的饭菜退掉，把一件质量不合格的商品退给商店，要求吵闹的邻居在晚上 10 点后保持安静，质疑账单上的错误，或在银行 ATM 机上进行多次交易，即使你后面排着长队等着使用机器。一般来说，不要做那些会给你带来麻烦的事情。例如，不要告诉你的老板你无法忍受他；不要向你吵闹的邻居抱怨，如果他有暴力史，或者他是那种大多数人都觉得可怕的人。换句话说，在设计你的暴露练习时，请利用好你的常识。

成为关注的焦点

如果在公共场合练习对你来说是困难的，那么暴露

第4章
面对引发焦虑的情境

练习应该包括花时间与人群共处。根据你恐惧的内容,练习可能包括在繁忙的街道上行走、在健身房锻炼、在拥挤的商场购物、在拥挤的剧院看电影或戏剧、在咖啡馆或餐馆吃小吃、在图书馆阅读,或者坐在自家阳台上看着走过的路人。如果你害怕所有的目光都集中在自己身上,那么做一些事情来吸引别人的注意将是合适的暴露练习。

在人前饮食

涉及在他人面前吃饭的暴露练习应考虑以下因素:环境(在家、高档餐厅或者像美食广场这样的休闲场所吃饭,在光线充足的房间或黑暗的房间用餐),和你一起吃饭的人(陌生人、熟人、亲密的朋友),吃的食物类型(手抓食物与用餐具盛放的食物、热食与冷食),以及任何其他可能影响恐惧感的因素。可能性是无限的,从在办公桌前吃一包葡萄干,到和一大群人

再见，社交焦虑

在高档餐厅吃一顿大餐。和所有的暴露一样，从中等难度的练习开始，当恐惧减少时，逐渐推进到更难的练习。

在人前书写

对许多人来说，在别人面前书写的恐惧与害怕被别人注意到他们的手抖有关。对另一些人来说，这是一种恐惧，害怕别人对他们的笔迹、拼写或他们所写的内容有不好的看法。不论恐惧的原因是什么，克服恐惧的关键是在别人面前书写。试着在公共场所填写表格，在咖啡馆或公共汽车上写信，或者在收银员面前练习写支票（请注意，填写多张只有一两项要填的小支票比只填写一张有多项要填的大支票带来的练习机会更多）。如果你害怕自己手不稳，试着故意让手颤抖。可能发生的最坏的事情就是别人会知道你的手在颤抖。但是由于各种原因，人们的手经常会颤抖，当中的许多人一点也不担

第4章
面对引发焦虑的情境

心别人注意到他们的手在抖。

工作面试

如果你需要找一份工作,但一想到面试就很崩溃,你能做的最好的事情就是让自己置身于类似于工作面试的环境中。也许可以从被朋友模拟面试开始,或者让朋友的朋友作为面试官(这是因为对着自己不认识的人练习,暴露练习会更有效)。你也可以申请几个自己不感兴趣的工作,把面试自己并不真正想要的工作作为练习机会,这样就不会有必须给面试官留下好印象的压力。

与权威人士打交道

如果与权威人士打交道会让你焦虑不安,那就试着找机会与权威人士接触。对一些人来说,这可能包括安排与老板的会议、与主管随意交谈、与银行经理讨论贷款、与家庭医生讨论问题,或者与大学教授进行长时间

再见，社交焦虑

的交谈。你应该根据引发你焦虑的特定类型的权威人士来选择练习对象。

暴露于引发焦虑的感觉

上一节回顾了将自己暴露在恐惧情境中的策略。然而，患有高度社交焦虑的人不仅害怕说错话或者看起来很愚蠢；通常，他们也害怕表现出任何焦虑的迹象，害怕别人注意到他们的焦虑症状。

事实上，在社交场合，几乎每个人都会经历一些焦虑的身体症状。我和同事最近发表了一份针对大学生的调查，询问受访者出现各种身体症状的频率，以及社交情境中的焦虑水平。在81个受访者中，73%的人说在社交场合不时出汗过多，58%的人说手和膝盖颤抖，75%的人说偶尔脸红，59.3%的人说至少有时在公共场合声音不稳定。大多数人描述的其他几种症状包括心悸（71.6%）、口吃（56.8%）以及表达困难（81.5%）。

第4章
面对引发焦虑的情境

所以,如果你有这样的症状,你并不孤单。从长远来看,试图预防出现这些症状只会维持你对出现这些症状的恐惧。换句话说,只要你害怕体验令人不舒服的感觉,就更可能在未来继续体验它们。对抗这些恐惧的最好方法,是主动让自己暴露在这些感觉中。这里有一些暴露练习的例子,可能有助于减少你对引发焦虑症状的恐惧:

- 害怕在别人面前出汗,就试着在社交场合故意出汗。在参加聚会之前绕着街区跑一圈。或者,在做演示时穿一件暖和的毛衣。
- 害怕在别人面前脸红,就试着在进入社交场合之前揉红自己的脸。吃热的食物,或者涂一点腮红(化妆)。运动后也可以让脸变红。
- 如果你害怕在别人面前发抖,那就试着在吃饭、拿杯子或写字时故意摇晃。

再见，社交焦虑

- 为了克服对在演讲过程中忘词的恐惧，在会议上发言或祝酒时，故意让自己看起来好像忘词了。

这些练习将会帮助你认识到，体验焦虑的躯体症状的后果通常很小。

疑难解答

如果你按照本章所介绍的方法进行暴露练习，那么你体验到的恐惧和焦虑应该会减轻。然而，减轻恐惧的道路可能是崎岖不平的。下面是人们在进行暴露疗法时会遇到的几个问题，以及一些可能的解决方法。

问题： 我似乎抽不出时间来进行暴露练习，因为我太忙了。

解决方法： 试着像安排约会、课程或生活中的其他活动一样安排暴露练习。如果你担心自己会忘记练习，那就设置一个闹钟，在该做练习的时候提醒自己。如果

第4章
面对引发焦虑的情境

你太忙了,可以把练习叠加到你在任何情况下都需要做的其他活动中。例如,计划和别人一起吃午餐,而不是独自吃午餐。如果其他方法都失败了,就要专门挤出时间来做暴露练习。从工作中抽出几天,在这几天里安排一些活动,让自己有机会面对令人恐惧的情境。

问题: 我太害怕了,不敢做暴露练习。

解决方法: 如果某个练习太难,解决方法很简单。尝试更简单的练习,你可以以后再进行更难的练习。

问题: 在我进行暴露练习的过程中,恐惧似乎并没有减少。

解决方法: 有几个可能的原因导致你的恐惧程度居高不下。首先,恐惧并不是每练习一次都会减少。改天再尝试相同的暴露练习,那时你可能会有更好的运气。在某些情境下,当恐惧程度持续上升时,这可能是你在反复思考可能发生的任何负面后果、过度依赖安全行为,或者尝试的任务太难。记住使用认知应对策略来管

再见，社交焦虑

理消极思维，尽量不要用安全行为进行微妙的回避。最后，如果一个特定的情境真的令人崩溃，就尝试一些更容易完成的任务。

第 5 章

改变沟通方式，
改善人际关系

再见，社交焦虑

很多时候，那些担心在别人面前出丑的人实际上会表现得很好。他们的表现比他们想象的要好得多。尽管如此，对于某些人来说，在某些情况下，特别害羞的人可能无法以最好的方式展示自己。这有几个原因。首先，由于多年来回避社交，有些人从来没有掌握有效地与他人打交道所需的沟通技巧。就像学开车一样，掌握社交的艺术需要不断练习。例如，如果以前没有面试工作的经验，一个人不太可能在他的第一次面试中就表现出色。

其次，社交焦虑有时与表现不佳有关的次要原因是焦虑本身，这可能会降低个人的能力，使其不能像他希望的那样有效地发挥。例如，如果你在演讲过程中心跳加速，可能会中断思路，因为此时你的注意力几乎完全集中在自己的胸膛。

最后，个人用来管理焦虑的一些微妙的回避策略和安全行为（例如，站在远离他人的地方，避免眼神接触，小声说话）有时可能会被别人认为是冷漠、愤怒或

第5章
改变沟通方式，改善人际关系

势利的。这可能会导致旁人做出不同的回应。换句话说，你为了避免别人做出消极反应而做的事情，有时反而会引发你极力想要避免的反应。

很有可能，通过反复接触令人恐惧的社交场合，通过反复努力挑战焦虑思维，你会变得更加自在。因此，你的表现也会提升。换句话说，要提高你的社交和沟通技巧，你不需要做任何事情，只需要练习使用第3章和第4章中描述的策略。

尽管如此，学习一些关于有效沟通的建议可以帮助你调整社交技巧。本章将提供如何停止焦虑行为的建议，这些焦虑行为会增加他人对你做出负面判断的可能性。

当你学习这一章时，请记住，无论你的社交技巧有多高明，它们永远无法完美。和每个人一样，依然不时有磕磕绊绊，也会偶尔给别人留下不好的印象。幸运的是，对你来说，在任何情况下都表现完美并不重要。事实上，人不可能在所有情况下都表现完美。在一种情况

再见，社交焦虑

下有效的社会行为，在其他情况下可能是无效的，这取决于许多因素，包括交往对象的价值观、期望、生活经历和文化背景等。例如，约会某个人的理想方式，如果对着另一个人使用，效果可能会适得其反。

社交焦虑会影响沟通的许多方面，包括一个人在工作面试中的表现、公开演讲、约会、谈判、处理冲突和随意交谈等。由于篇幅所限，本章将强调两个方面的技巧：非语言交流（包括肢体语言、眼神交流，以及其他方面）和谈话技巧。关于提高沟通技巧的更多信息，有两本书推荐给大家：马修·麦凯（Matthew Mckay）的《信息：沟通技巧》(*Messages: The Communications Skills Book*) 以及罗伯特·博尔顿（Robert Bolton）的《人际关系学：如何保持自我、倾听他人并解决冲突》(*People Skills: How To Assert Yourself, Listen To Others, And Resolve Conflicts*)。在更具体的领域，也有许多关于发展技能的，包括约会、对话、掌握工作面试技巧，

第5章
改变沟通方式,改善人际关系

以及提高汇报效率。

非语言交流

在考虑"沟通"问题时,我们当中许多人想到的主要是用来传达信息的词语。然而,我们交流的很大一部分是非语言的,依赖于面部表情、语音语调还有肢体语言。这就是电子邮件为什么很容易被误解的原因。电子邮件通常不包括帮助我们理解信息含义的非语言暗示。因此,人们很容易将笑话误解为贬低或负面评论。感谢上帝——发明了笑脸符号和其他一些"烦人"的符号,当我们在网络空间交流时,这些符号提供了非语言信息。

害羞或感到焦虑的人通常会做出一些行为,以尽量降低与他人互动的强度和减少互动持续的时间。换句话说,他们尽量不交流,以避免被负面评价。当然,不沟通是不可能的。即使你完全避免聚会或会议,你也会向那些期望在那里见到你的人传达信息。例如,其他人可

再见，社交焦虑

能会把你频繁缺席会议理解为这是你害羞、健忘、懒惰或忙碌的表现。或者你不喜欢和同事在一起。除了完全回避，一些更微妙的非语言行为通常与社交焦虑有关，包括：

- 避免眼神接触。
- 一点笑容都没有。
- 说话很轻。
- 说话很快。
- 看起来很匆忙。
- 站位远离他人。
- 交叉双臂或双腿。

在许多情况下，这些非语言行为传达了"远离"的信息，即使你所说的话表达了非常不同的内容。毫不意外，其他人对这些行为的反应往往是更加冷漠，不那么

第5章
改变沟通方式,改善人际关系

热情友好。替代行为(如进行适当的眼神交流、保持适当的距离、以他人可以听到的音量说话、保持更开放的姿态、适当地微笑)更有可能得到他人的积极回应。

练习:记录并试验你的非语言行为

你是否倾向于以一种焦虑的方式进行非语言交流?在日记中,写下一些可能导致他人负面反应的非语言交流方式。然后,在接下来的一周里,试着改变你进行非语言交流的方式。例如,在与他人互动的过程中,试着增加你与对方的眼神交流的次数,并注意他们的反应。当你微笑并进行更多的眼神交流时,店员是否比你避免眼神交流并保持冰冷的表情时更友好?在日记中记下试验的结果。

再见，社交焦虑

谈话技巧

在闲聊时，人们往往很难找到可以聊的话题，尤其是当他们感到焦虑或不舒服的时候。他们也可能过早地结束谈话，或者在谈话冷场后拼命地让谈话继续下去。焦虑甚至可能导致人们说得太多，从而给他人留下负面印象。下面是在进行对话时会出现的一些常见问题，以及当这些情境发生时如何更有效地进行处理的一些建议。

开始交谈

虽然开始对话可能看起来很难，但通过练习会变得更容易。在公共场所（例如，杂货店排队）、工作场所和社交聚会中，抓住机会练习。如果练习机会没有出现，你可以通过多与他人相处来创造机会。例如，参加一门课程，并与班上的其他学生交谈。

对话通常以一个不太私人的评论或话题开始，尤其是当你不太了解对方的时候。你可以这样开头：陈述

第5章
改变沟通方式，改善人际关系

句（"这里很冷"），问句（"你上班路上的交通状况如何？"），或是一句赞美的话（"你的狗很可爱"）。其他可能的话题可能包括爱好、最近发生在你身上的事情、读过的书、时事或体育。你认识对方的时间越长，就越适合讨论更私人的话题，比如你的人际关系或价值观。

害羞的人有时会避免谈论自己。他们可能会引导谈话集中在对方身上（例如，问对方很多问题）。对大多数人来说，如果信息是双向流动的，对话会更有趣。因此，如果你发现自己在对话中总是避免谈论自己，试着主动提供更多的个人信息。例如，讨论你的周末过得如何。分享你对最近看过的一部电影的看法。通常，当别人有更多机会了解你时，人们会做出积极的回应。

开放式和封闭式问题

如果你问对方一些问题，试着问开放式的问题，而不是封闭式的问题。封闭式问题通常会得到一两个词的

再见，社交焦虑

回答，比如"是"、"不是"或"很好"。封闭式问题的示例包括：

- 你的周末过得怎么样？
- 你喜欢你的沙拉吗？
- 你是做什么的？

相反，开放式问题是需要更详细回答的问题。一般来说，开放式问题更有可能让对话变得有趣。开放式问题的示例包括：

- 这个周末你做了什么？
- 在银行工作的感觉如何？

学会倾听

提高谈话技巧不仅需要练习与他人交谈，还需要练

第5章
改变沟通方式，改善人际关系

习倾听他人。然而，焦虑有时会使倾听变得困难。一些常见的倾听技巧包括：

- 练习如何回应对方所说的话，而不是关注他试图传达的信息。
- 有选择地听对方说什么。举个例子，专注于对方的评论，这些评论证实了你的恐惧，即他觉得你很无聊（例如："我很累。我要走了。"），而忽略同一个人所说的更积极的话（"我今晚过得很愉快，我们应该再聚一次。"）。

试着注意对方所传达的整个信息。另外，让对方知道你在倾听也是很有用的。进行眼神交流，在对方评论之后提出问题，或者在对方的部分信息不清楚时要求他澄清，这些都会让对方知道你对他所说的内容感兴趣。

再见，社交焦虑

过度道歉与寻求再确认

社交焦虑的一个显著特征是认为自己给人的印象很差，认为自己没有吸引力或令人厌烦。毫不奇怪，害羞的人有时会过度道歉，在某些情况下，可能经常从他人那里寻求证据，以确认他们是受欢迎的，他们的表现是足够优秀的，或者别人觉得他们有吸引力。当你做错事时，道歉并没有错。偶尔寻求安慰也没有什么错。然而，当这些策略被过度使用时，它们会对人际关系产生负面影响。没有人喜欢为他们认为不是问题的事情道歉。同样，当一个人在友谊或其他关系中不断需要并寻求保证时，这也会让人觉得有负担。

结束对话

社交焦虑的人在结束谈话时通常会犯两个错误中的一个：他们过早地结束谈话（为了逃避这种情境）或者他们拼命地试图让谈话继续下去（在谈话可能已经结束

第5章
改变沟通方式，改善人际关系

很久之后）。如果你想逃避与人谈话，那就要试着在谈话中停留更长的时间。随着时间的推移，你会更容易想出话题，也更容易忍受谈话中的尴尬中断。

如果你觉得自己有责任让谈话永远继续下去，那么请记住，即使是最好的谈话也会结束，通常是因为，最终它们会变得不再那么有趣。对我们中的许多人来说，闲聊在很短的时间内并不特别吸引人、有趣或刺激。也许这就是为什么它被称为"闲聊"。通常一次谈话在几分钟后就结束了，有时更短，有时更长。人们有各种各样的方式来摆脱谈话（例如，"我该放你走了"或"我要再去喝一杯"）。要允许谈话结束，这不是你个人的失败，而是每个谈话的正常生命周期的一部分。

再见，社交焦虑

练习：打破旧模式

下一次，当你有机会与人闲谈时，试着打破自己的常规习惯。如果你太少谈论自己，那就试着多谈一些。如果你觉得自己有责任让谈话变得有趣，那就试着不那么有趣，看看会发生什么。总之，试着在谈话中更灵活一些。承担更多的社交风险。如果一个特定的战术看起来很有效，那就在更多其他情境下也练习使用它。在你的日记中记录自己所做的任何改变以及结果（他人的反应）。

第 6 章

药物治疗

再见，社交焦虑

如第 1 章所述，极度害羞和社交焦虑的人可能患有社交焦虑症（或社交恐惧症）。研究人员已经确定了一些治疗社交焦虑症的有效方法，包括认知和行为疗法与药物治疗。尽管药物通常不用于轻度害羞或社交焦虑，但它们通常对患有社交焦虑症的人有效。事实上，心理疗法和药物疗法同样有效（尤其是在短期内）。本章介绍了治疗社交焦虑症药物的使用。

你应该考虑服用药物吗？

在决定药物是否适合你之前，了解服用治疗社交焦虑症的药物的利弊是很重要的。

药物治疗的优势

- 见效快。大多数服用适当药物治疗社交焦虑症的人的症状都有所减轻。尽管他们的社交焦虑通常不会完全消失，但经过药物治疗后所经历的改善

第6章
药物治疗

通常是显著的。

- 药物相对容易获得。医生（例如，家庭医生或精神科医生）可以给你开药，在美国的部分州，其他领域的专业人士也可以开药。

- 药物很容易使用。你所要做的就是记得按时吃药。

- 药物治疗可能比其他方法（包括认知和行为疗法）见效更快。例如，本章讨论的抗抑郁药物通常可以在一个月内起作用，某些药物甚至起效更快。相比之下，认知和行为疗法通常需要几个月的时间才能产生明显的效果。

- 药物治疗通常比认知和行为疗法便宜，尤其是在短期内。尽管药物治疗可能很昂贵，但认知和行为疗法的费用往往更高。然而，药物治疗的费用随着时间的推移而增加，因此从长远来看，药物治疗可能比短期的认知和行为疗法更昂贵。

再见，社交焦虑

药物治疗的弊端

- 所有的药物都可能有副作用。通常，副作用是轻微的，许多人并不觉得它们很难忍受。在药物治疗期间，副作用可能会在几周后减轻。此外，如果一种药物副作用较大，通常可以找到另一种副作用较小的药物来替代。药物在用药期间是有效的，但在停药后不一定有效。停止药物治疗后的复发率往往高于停止认知和行为疗法后的复发率。因此，从长远来看，认知和行为疗法（单独或与药物联合）通常是最有效的。

- 因为药物治疗通常需要持续数年才能获得持续的益处，从长远来看，它们往往比认知和行为疗法更昂贵，后者往往只持续几个月。

- 治疗社交焦虑的药物可能与其他药物相互作用，或与酒精和消遣性药物相互作用。一些药物还可

第6章
药物治疗

以影响各种医学疾病的症状（例如，增加了那些容易遇到这些问题的人患高血压或癫痫的可能性）。在怀孕或哺乳期间服用某些药物也可能是危险的。鉴于这些潜在的影响，我们只能在医生的指导下服用药物。（换句话说，不要因为懒得去看医生而吃你姐姐的抗抑郁药。）

- 某些药物很难停药，因为停药时产生的戒断反应可能令人很不适。

有些人真的很难决定是否服用药物。他们可能认为用药是软弱的表现，或者认为药物治疗可能导致无法逆转的永久性负面变化。这两种认知都不正确。各行各业的人都会因各种各样的问题而服用药物。此外，适当使用治疗焦虑症的药物通常不会导致身体功能或健康发生任何永久性的变化。如果出现副作用，在停药后这些副作用就会消退。

再见，社交焦虑

如果药物治疗及认知和行为疗法对你来说都方便易得，那么任何一种方法，或者这些方法的组合，都可能是有用的。即使你选择了"错误"的治疗方法，也不会损失太多。例如，如果一种特定的药物不适合你，还可以尝试不同的药物、认知和行为疗法，或者根本不治疗。换句话说，你不会被你的决定所困。

❤ 进行药物选择

那么，你已经决定尝试药物治疗。应该尝试哪种药呢？只有三种药物（都是抗抑郁药）获得美国食品和药物管理局（FDA）的官方批准，用于治疗社交焦虑症。它们是帕罗西汀、文拉法辛（文拉法辛缓释剂）和舍曲林（左洛复）。然而，还有许多其他药物也被发现对治疗抑郁症有效。尽管它们可能没有被官方批准用于治疗社交焦虑症，本章回顾的所有药物都被批准用于其他相关问题（如抑郁症），并且它们的安全性已经得到了很

第6章
药物治疗

好的证实。

决定一种药物是否获得 FDA 批准的因素很多，包括药物安全性和有效性的证据，以及药物制造商是否决定销售针对特定疾病的产品。你的医生决定为你的焦虑症开一种特定的药物时，应该考虑到所有关于药物有效性的研究。而不仅仅是该药物是否已被 FDA 批准用于治疗社交焦虑症。其他可能影响医生处方药物的因素包括：①你所出现的症状类型；②与各种药物选择相关的副作用；③你以前对药物治疗的反应；④你的近亲以前对各种药物的反应；⑤药品费用；⑥你正在考虑服用的药物与其他药物（如草药）和疾病之间可能的相互作用；⑦你是否有饮酒的倾向；⑧对你来说，停止药物治疗的难度。

用于治疗社交焦虑症的药物包括某些抗抑郁药，以及传统上用于治疗焦虑症的药物。此外，有初步证据支持某些其他药物。

再见，社交焦虑

❤ 抗抑郁药

你可能想知道为什么抗抑郁药会被用来治疗焦虑问题，尤其是对那些不感到沮丧的人来说。事实上，抗抑郁药的治疗范围很广，包括焦虑症、饮食失调症、偏头痛，还可用于戒烟，当然，还有抑郁症。正如阿司匹林既可以用来减轻疼痛，也可以用来预防心脏病发作一样，抗抑郁药也有很多用途。在社交焦虑症的情况下，抗抑郁药是研究得最彻底的药物，通常被认为是首选。此外，如前所述，FDA 批准的三种治疗社交焦虑症的药物都是抗抑郁药。

抗抑郁药有许多共同的特点。比如，它们都需要几周时间才能开始产生积极影响。然而，副作用通常在开始用药后不久就会出现，在治疗的前几周可能最严重。通常建议人们继续服用这些药物一年或更长时间，然后再尝试减少剂量或停止服用。

第6章
药物治疗

选择性血清-胰岛素再摄取抑制剂

选择性5-羟色胺再摄取抑制剂（SSRIs）是一种影响血清素（一种将信息从一个脑细胞传递到另一个脑细胞的大脑化学物质）水平的抗抑郁药。它们也是治疗社交焦虑症最常用的处方药。SSRIs包括帕罗西汀、舍曲林（左洛复）、氟西汀（百忧解）、氟伏沙明（Luvox）、西酞普兰（Celexa）和艾司西酞普兰（Lexapro）。目前，有更多的研究支持使用帕罗西汀、舍曲林和氟伏沙明治疗社交焦虑症比其他SSRIs更有效，但这些药物中的任何一种很可能都是有效的，因为它们对大脑都有类似的影响。

SSRIs的副作用因药物而略有不同，但最常见的包括引起恶心和其他消化道症状、性功能障碍、头晕、震颤、皮疹、失眠、紧张、疲劳、口干、出汗和心悸。在极少数情况下，可能会出现更严重的副作用。

许多常见副作用往往在前几周的治疗后得到改善，

再见，社交焦虑

但对性功能的影响往往会随着时间的推移而持续。最近的研究表明，构橼酸西地那非（万艾可）可以减少服用 SSRIs 的男性的性功能障碍。在治疗焦虑症时，一般建议从低剂量开始服用 SSRIs，并缓慢增加剂量，以尽量减少副作用。

大多数 SSRIs 的停药过程比较轻松，但只有在医生的指导下才可以停用这些药物（或任何药物）。人们在停用 SSRIs 时出现停药症状并不罕见，包括失眠、激动、震颤、焦虑、恶心、腹泻、口干、虚弱、出汗或异常射精。与其他 SSRIs 相比，帕罗西汀往往与更多的停药症状相关。

恢复药物治疗通常会在几个小时内逆转这些症状，而非常缓慢地停止药物治疗可以最大限度地减轻症状，或完全防止症状发生。表 6-1 总结了 SSRIs 及其典型处方剂量。

第6章
药物治疗

表 6-1　选择性 5- 羟色胺再摄取抑制剂及处方剂量

药物通用名称	起始剂量/毫克	每日剂量/毫克
西酞普兰	10	10~60
艾司西酞普兰	10	10~50
氟西汀	10~20	10~80
氟伏沙明	50	50~300
帕罗西汀	10	10~50
*Cr	12.5	25~62.5
舍曲林	50	50~200

提示：西酞普兰、艾司西酞普兰、氟西汀和帕罗西汀也可以以液体形式提供。还有一种新的氟西汀配方，每周服用一次。
*Cr= 控释剂。

其他抗抑郁药

许多其他抗抑郁药物也被发现可用于治疗社交焦虑症。其中，文拉法辛缓释片（文拉法辛缓释剂）是唯一一种获得 FDA 正式批准的药物，考虑到

再见，社交焦虑

目前的研究结果，它可能是最好的选择。与 SSRIs 一样，文拉法辛作用于大脑中的血清素，但它也作用于大脑中的另一种化学信使——去甲肾上腺素。文拉法辛的常见副作用包括恶心、性功能障碍、失眠、头晕、震颤、虚弱和口干，并且通常在较高剂量下更严重。与 SSRIs 一样，突然停用文拉法辛可能会引发停药症状，包括失眠、头晕、紧张、口干、头痛、虚弱、出汗或性功能障碍。通常，这些症状会在停药后持续一周左右[①]。

苯乙肼（Nardil）（一种被称为单胺氧化酶抑制剂或 MAOIs 的抗抑郁药）也被证明对治疗社交焦虑症有效，但由于相当极端的副作用，与其他药物相互作用的倾向以及服用这类药物时必须遵守的一些严格的饮食限制，目前很少使用。

[①] 一旦开始服用精神类药物抗抑郁，不可随意断药。停药应在专业医师的指导下逐步减量，以免导致严重停药反应或病情反复。——译者注

第6章
药物治疗

———

吗氯贝胺（Manerix）与 MAOIs 类似，但它通常没有与那些药物相关的诸多问题。与传统的 MAOIs 相比，吗氯贝胺的副作用、药物相互作用和饮食限制更容易控制。然而，关于吗氯贝胺是否对社交焦虑症有效的说法不一。一些研究发现它是有用的，而另一些研究则发现，吗氯贝胺与安慰剂（一种不含真正的吗氯贝胺的非活性药片）相比，效果没有差异。这些研究的综述可在其他地方获得。

其他经研究用于治疗社交焦虑症的抗抑郁药包括奈法唑酮（舒松）和米氮平（瑞美隆）。最初的研究表明，这些药物可能对社交焦虑症有用，但研究相对较少。已经发表的研究是基于少数患者的，并且没有包括安慰剂对照组。为了评估药物的真正有效性，有必要将药物与安慰剂进行比较。因为许多有焦虑问题的人在接受安慰剂治疗后症状有所改善。对我们中的许多人来说，仅仅期待感觉更好就足以引发焦虑症状的减少。在我们对奈

再见,社交焦虑

法唑酮和米氮平进行安慰剂对照研究之前,很难知道它们在多大程度上对治疗社交焦虑症有用。

表 6-2 提供了除 SSRIs 以外的抗抑郁药及其处方的典型剂量。至少有一些研究支持这些抗抑郁药可用于治疗社交焦虑症。

表 6-2 用于治疗社交焦虑症除 SSRIs 以外的抗抑郁药

药物通用名称	起始剂量/毫克	每日剂量/毫克
米氮平	15	15~60
吗氯贝胺*	150~300	300~600
奈法唑酮	100~200	100~600
苯乙肼	15~30	45~90
文拉法辛	37.5~75	75~225

* 吗氯贝胺未在美国上市。

其他药物选择

尽管抗抑郁药可能是治疗社交焦虑症最常用的药

第6章
药物治疗

物，也有其他有效的药物可以治疗焦虑症。其中包括苯二氮䓬类药物。通常用于治疗焦虑和睡眠问题。虽然有许多苯二氮䓬类药物已被证明可用于治疗焦虑（例如，安定以及劳拉西泮），此外，仅有的两种被研究用于治疗社交焦虑症的药物是氯硝西泮和阿普唑仑。阿普唑仑和氯硝西泮的典型起始剂量为每天 0.5 毫克，每日剂量通常为 4~6 毫克。

苯二氮䓬类药物最常见的副作用包括嗜睡、头晕、抑郁、头痛、意识模糊、身体状态不稳定、失眠和紧张。这些药物不可与酒精一起服用，它们还可能影响人的驾驶能力。阿普唑仑和氯硝西泮等药物的一大优势是，它们在几分钟内就开始起作用，这与抗抑郁药不同，后者通常需要几个星期才能见效。这些药物的一个主要缺点是它们可能与明显的停药症状有关，包括焦虑感、兴奋感还有失眠。虽然这些停药症状是暂时的，但它们可能相当令人不快，使一些人很难停止使用这些药

再见，社交焦虑

物。因此，只有在医生的监督下，才能逐渐停用苯二氮䓬类药物。

另一类有时用于治疗社交焦虑的药物是 β 肾上腺素能受体阻滞剂，包括心得安（普萘洛尔）。虽然这些药物通常用于治疗高血压，但它们也能减轻某些身体症状，包括心悸和颤抖。它们对于治疗全面的社交焦虑障碍不是特别有用，但它们似乎确实有助于缓解演员、音乐家和必须在人群面前讲话的人经常经历的轻微怯场。通常，心得安在表演前 20~30 分钟以 5~10 毫克的剂量一次性服用。

加巴喷丁是一种用于预防癫痫发作的药物，似乎也能减轻焦虑。对社交焦虑症患者的初步研究表明，加巴喷丁可能是有用的。

最后，草药产品在治疗焦虑、抑郁和相关问题方面越来越受欢迎。尽管这些产品很受欢迎，但仍须谨慎使用。在许多情况下，我们对草药产品是否有效、为什么

第6章
药物治疗

有效、是否有副作用或停药症状，或它们如何与其他药物相互作用，知之甚少。此外，已被研究用于广泛性抑郁症和焦虑症的少数产品尚未在社交焦虑症患者人群中进行研究。

事实上，目前还没有任何用草药或其他保健品治疗社交焦虑症的研究成果被发表出来。目前我们最准确的说法是，可能有草药疗法对社交焦虑症有用，但在研究人员经过系统研究，使针对这一特定问题的医药产品问世之前，草药疗法对社交焦虑症是否有效的问题仍然没有答案。

药物治疗阶段

用药物治疗焦虑症有五个阶段：评估、起始、增量、维持及停药。

在评估阶段，医生将询问你一些问题，以帮助确定哪种药物最适合你。具体来说，你的医生需要确定治疗的主要问题，可能存在的任何其他问题，你过去尝试过

再见，社交焦虑

哪些药物，你或你的家人以前是否对任何特定药物有反应，以及根据你的情况，哪些副作用可能是最有问题的。

在起始阶段，你的医生可能会建议你以相对较低的剂量开始用药，让你的身体有时间适应药物。

药物增量通常是渐进的。这一阶段的目标是逐渐增加药物的服用量，直到达到最佳剂量。这是最大限度地发挥药物的益处，同时最大限度地减少副作用的剂量。对某些人来说，某种特定的药物可能没有效果，或者副作用可能过于强烈。在这些情况下，应逐渐停止使用这种药物，并尝试不同的药物或一些替代疗法。

维持是治疗的第四个阶段。在这一阶段，患者在症状改善后继续服药一段时间。在服用抗抑郁药时，这个阶段通常持续一年或更长时间，以尽量减少停药后症状复发的可能性。对于苯二氮䓬类药物，如阿普唑仑和氯硝西泮，通常建议个体尽可能缩短药物治疗的维持期时

第6章
药物治疗

长，以尽量减少停药时产生的任何不良反应。

治疗的最后阶段是停药。当治疗过程达到了某个阶段，大多数人最终会尝试减少药物剂量，或完全停药。虽然在这一阶段症状经常会复发，但有些人能够停止服药，或者至少减少剂量。如果症状确实加重，可以选择再次开始药物治疗，这通常与以前的效果相同。

在某些情况下，一种以上的药物可与另一种药物联合使用。例如，在治疗的早期阶段，一些医生会将一种苯二氮䓬类药物与一种抗抑郁药联合使用，这样在患者等待抗抑郁药开始起作用的同时，苯二氮䓬可以立即开始对焦虑症状起作用。一个月后，当抗抑郁药起效时，苯二氮䓬可以慢慢停用。

药物治疗与其他方法相结合

在实践中，药物治疗通常与其他治疗方法相结合，包括认知和行为疗法或其他形式的心理疗法。目前，很

再见，社交焦虑

少有研究将心理治疗与药物治疗相结合来治疗社交焦虑症。然而，基于对其他类型焦虑症的研究结果，联合治疗的效果得到了更多的认同，对某些人来说，药物治疗与认知和行为疗法相结合可能是最好的方法。然而，无论是选择认知和行为疗法还是选择药物治疗，许多人得到的效果可能一样好。换句话说，结合两种或两种以上的治疗方法并不一定会带来更好的结果。

如果你同时开始进行认知和行为疗法与药物治疗，你将无法找出最有助于减轻焦虑的治疗方法。因此，在许多情况下，最好的方法是从药物或认知和行为疗法开始，然后看看会发生什么。如果你发现你的症状没有改善，或者尽管进行了足够的治疗，但症状只有部分改善，然后，你可以考虑添加缺少的治疗模块。

第 7 章

应对拒绝

再见，社交焦虑

害怕被拒绝是我们大多数人共有的特质，这可能是一件好事，至少在某种情况下。避免被拒绝有助于我们避免其他一些负面后果，这些后果可能是会让别人不喜欢我们。不害怕被拒绝的人有时会给人傲慢的印象，这可能会冒犯到其他人。对被拒绝的恐惧太少也会导致人们不想努力获得成功，无论是在工作方面，还是在人际关系方面。通常，对负面评价的恐惧会激励人们做得更好。在某种程度上，对拒绝的恐惧助长了我们对给他人留下好印象的担忧。

我们大多数人都不喜欢被拒绝。但遗憾的是，在与他人交往时，拒绝是如此频繁地发生。几乎每个人都有过约会被拒绝、被另一个人忽视，或者求职被拒绝的经历。虽然有一些人通常能达到目的，但对我们大多数人来说，情况并非如此。

特别害羞或社交焦虑的人通常比那些不那么焦虑的人对拒绝更加敏感。因此，害羞或社交焦虑的人对拒绝

第7章
应对拒绝

（或拒绝的威胁）的反应是更高水平的焦虑、抑郁或愤怒。这一章会全部用来学习如何更好地应对被拒绝的可能性或现实。

请注意，本章中描述的策略建立在前几章（尤其是第 3 章至第 5 章）的基础上。因此，在将注意力转向本章之前，请确保你已仔细阅读了这些章节。第 5 章中讨论的观点可能有助于减少在社交场合中被拒绝的可能性，而第 3 章和第 4 章中的内容将在拒绝发生时减少其负面影响。本章的目的是为如何有效处理拒绝提供更多建议。

被拒绝的含义

接受拒绝如此困难的原因之一是，人们通常将被拒绝理解为软弱、失败或不好的表现。关于被拒绝的恐惧假想包括：

再见，社交焦虑

- 如果我被另一个人拒绝了，那就说明我有问题。
- 如果人们不想花时间和我在一起，那就意味着他们不喜欢我。
- 如果有人在我说话的时候感到无聊，那就说明我是个无聊的人。
- 如果我约这个人出去被拒绝，那就意味着我可能会一直被拒绝。
- 如果我被这份工作拒绝，我的朋友们就会看轻我。

在现实中，别人有许多不同的原因拒绝你。例如，考虑上面列出的第二个假设（如果人们不想花时间和我在一起，那就意味着他们不喜欢我）。事实上，还有很多其他可能的原因导致人们不想花时间和你在一起，这些原因与他们是否喜欢你，或者你是不是一个讨人喜欢的人无关。下面是一些例子：

第7章
应对拒绝

- 也许对方太忙了,没有时间陪你(例如,工作、抚养小孩、处理重大的生活事件)。
- 也许这个人有些内向,除了他最亲密的朋友外,他不喜欢与任何人交往。
- 也许这个人有足够多的朋友,并且不寻求进一步扩大他的社交网络。
- 也许对方认为你和他没有什么共同之处。人们往往更容易被那些与他们有共同之处的人所吸引。
- 也许对方没有意识到你有兴趣与他共度时光。

请注意,所有这些因素都更多地与他人有关,而不是与你有关。仅仅有一个人似乎对与你交往不感兴趣,并不意味着其他人也一定会有同样的感觉。

如果对方真的不喜欢你怎么办?记住,在第3章中有一个讨论,那就是不可能让每个人都喜欢你。恰好使你在一个人眼中有吸引力或有趣的原因,必然会使你在

再见，社交焦虑

另一个人眼中的吸引力和趣味降低。因为我们认为有趣和有吸引力的品质都很不同。当我们被另一个人吸引时（例如，作为一个潜在的朋友），而那个人并没有认为我们有趣或有吸引力，这是很伤人的。但为什么要希望每个人都愿意花时间和我们在一起呢？关键是要记住，即使你在特定的情况下被拒绝，或者被特定的人拒绝，这次经历也不能用来断言你是否会在不同的情况下被拒绝，或者是否会被不同的人拒绝。

练习：你为什么感到自己被拒绝？

回想一下上一次你被别人拒绝的经历。这可能包括别人拒绝你的社交邀请，发表负面评论，或者用一种厌烦的眼神盯着你。在日记本的新一页上，

第7章
应对拒绝

> 记录下导致你感到被拒绝的负面解释。接下来,尽可能多地记录拒绝发生的原因。如果这件事发生在他人身上,其他能很好地忍受拒绝的人会如何解释这种经历呢?

❤ 消除压力

当感知到被拒绝的代价非常高时,人们倾向于在每一次社交互动的结果上投入过多的精力,但结果仍可能被拒绝。例如,一个在申请工作时害怕被拒绝的人可能花了几个月的时间才鼓起勇气去申请那份工作。这个人在等待面试通知的这段时间,通常会感到非常焦虑,如果事情发展得不顺利,他可能会崩溃。

不幸的是,过分看重特定的社交互动或情境的结果通常会导致失败和失望。事实上,其他人甚至能感受

再见，社交焦虑

到你的绝望，这可能会增加你被拒绝的可能性（没有人喜欢在雇用他人工作、约会或与他人共度时光时感到压力）。

相反，我们更应该关注社交的过程，而不是结果。充分利用社交机会，但要做好事情不会如你所愿的心理准备。当你允许自己在社交场合冒险时（例如，邀请同事共进午餐、尝试在聚会上闲聊或邀请某人出去约会），要预见到努力的结果有时是被拒绝。并且，当事情没有按计划进行时，准备好继续前进。如果被拒绝了，你仍然可以从这次经历中学到一些东西。例如，你可能会认识到当下次遇到类似情况时，不该做什么。

承担更多风险

你承担的社交风险越多，就会经历越多的拒绝。事实上，被拒绝的可能性可能会阻止你去承担更多的社交风险。例如，如果你倾向于避免约会、邀请朋友聚会、

第7章
应对拒绝

申请工作,或者只是向陌生人问路,这可能是因为担心相关者会对你产生不好的看法。

你可能认为自己需要不惜一切代价避免被拒绝来自我保护。事实上,相反的情况更有可能发生。实际上,通过允许自己不时地被拒绝来预防拒绝的影响是很重要的。人们接种疫苗以预防某种特定疾病,这使得身体能够产生对抗疾病所需的抗体,以防日后患此类疾病。同理,以计划并控制好的方式,暴露于正常水平的拒绝,可能会帮助你更好地应对将来被拒绝的影响。

拒绝是与他人交往的自然结果之一。正如前面所提到的,增加你承担社交风险的频率将导致更频繁的拒绝。然而,在社交场合中承担更多的风险也会带来更频繁的成功。

为了便于讨论,我们假设某人接受你的约会邀请的统计可能性是三分之一,一次约会后能有二次约会的可能性也是三分之一。如果你从不约任何人出去,你可能

再见，社交焦虑

永远没有机会约会。如果你每年约某人出去一次，那么每三年你就有一次约会的机会。每隔九年，你就会和同一个人约会不止一次。然而，如果你每天都邀请不同的人和你一起约会，很有可能每隔三天就会有人接受你的邀请。每隔九天，你会和一个有兴趣进行第二次约会的人约会。用不了多久，你的约会对象就会多到让自己不知所措。最重要的是：冒着被拒绝的风险，你会经历更频繁的成功，也会经历更频繁的拒绝。

有很多方法可以为因承担更多风险而可能发生的拒绝做好准备。首先，只需预见有时人们会拒绝你。这样，当拒绝发生时，你就不会感到惊讶，而且应该更容易应对。其次，提前评估你可能被拒绝的原因（包括积极的、中立的和消极的解释）。所以，你不会陷入只关注消极解释的情况。最后，问自己一个问题，如果我被拒绝了怎么办？与其强调这有多糟糕，不如试着专注于如何应对这种情况、如何克服它。如果有可能，你可以

第7章
应对拒绝

做些不同的事情,以避免下次被拒绝。

> ### 练习:社交冒险
>
> 在接下来的一周里,计划进行一次社交冒险。它包括申请一份工作,邀请别人参加聚会,邀请同事和你共进午餐,向杂志社提交一篇可能发表的文章,和别人一起上艺术课,或者任何其他你害怕被别人评判的情况。在日记本上记录下对这种情况的可能结果,并头脑风暴出你能够用来应对每一种潜在结果的方法。

你在促成自己被拒绝吗?

到目前为止,这一章已经强调了如果你坚持不懈,

再见，社交焦虑

经常冒社交风险，并学会停止灾难性思维循环（它在被拒绝后经常出现）。处理拒绝对你来说就不是什么问题了。在许多情况下，这是事实。然而，除了改变你对拒绝的反应，你还可以做一些事情来减少自己被拒绝的可能性。例如，第 5 章讨论了改进交流的战略，这可能有助于改善他人对你在社交场合中的行为的看法。

如果你发现自己一次又一次地被拒绝，问问自己"为什么会这样？"可能会有用。频繁被拒绝可能仅仅是运气不好，但它也可能反映了一些持续存在的状况，这些状况是造成问题的原因，并且可能会在未来继续导致拒绝。

如果反复被拒绝是有原因的，你的第一步应该是考虑它是否与你正在做的事情有关，或者与被拒绝时的情境有关。有些行为有时会给他人留下负面印象，例如：

- 性格上的极端，比如给人的印象过于刻板、懒

第7章
应对拒绝

散、外向、内向、依赖、冷漠、抑郁、焦虑、易怒等。
- 外表上的极端,如对于场合来说穿着过于正式或随意。
- 焦虑的举止,如眼神交流少、站得太远、说话太轻、坐立不安、回避。
- 极端的沟通方式,如说得太多(给出太多细节)、说得太少、经常与人争论、给人以居高临下的印象。

改变这些或其他问题行为,可能会使你在社交场合中取得更大的成功。

或者,反复被拒绝可能与一些因素有关,这些因素更多的与情境有关,而不是与被拒绝的人有关。例如,在经济衰退中,许多人很难找到工作。在2000年的计算机技术危机之后,数万技术人员失去了工作,其中

再见，社交焦虑

的大多数人很难在自己的专业领域找到新工作。不幸的是，当拒绝与你几乎无法控制的因素有关时，你无法避免被拒绝。

最后，反复被拒绝可能是个人行为和个人环境之间相互作用的结果。具体来说，有些人倾向于寻求可能以拒绝告终的社交关系。例如：与非常挑剔的人约会、申请自己不能胜任的工作，或者与对结交新朋友不感兴趣的人寻求友谊。要让社会关系发挥作用，所有参与者之间必须良好匹配。当你从一个不能或不愿提供认可的人那里寻求认可时，很可能会以被拒绝而告终。

第 8 章

结识新朋友

再见,社交焦虑

在这个阶段,你已经读过了如何改变自己的焦虑想法、如何面对害怕的情况,以及如何提高沟通技巧。你还了解了一些药物,这些药物有助于减轻社交焦虑症患者的焦虑症状。然而,到目前为止还没有讨论的一个问题是关于如何扩大社交网络。非常害羞的人或在社交场合经历高度焦虑的人通常会发现自己很难开始新的关系或交新朋友。本章的目的是讨论如何以及在哪里结识新朋友。

大多数人相遇的地方

1994 年,拉曼尼(Laumann)等人公布了对 3000 多名美国人的调查结果,其中包括关于人们相遇的方式和地点的问题。这项调查的重点是情侣见面的方式,但对于那些有兴趣发展其他类型关系的人来说,调查结果可能同样重要,包括结交新朋友,甚至建立找到新工作所需的社会关系。

第8章
结识新朋友

在接受调查的已婚夫妇中,人们最常见的结识配偶的方式是通过朋友介绍(35%)。第二种常见的认识配偶的方式是自我介绍(32%)。其他常见的见面方式包括家庭成员(15%)、同事(6%)或同学(6%)的介绍。

调查还询问了人们与配偶见面的地点。38%的受访者表示,他们在工作或学习场所认识了自己的配偶。其他常见的见面场所包括朋友聚会(10%)、教堂等礼拜场所(8%)、酒吧(8%)和健身房或社交俱乐部(4%)。在这项调查公布结果时(在我们大多数人听说互联网之前),只有不到1%的人表示曾通过征友广告结识配偶。然而,在过去的10年里,网络交友变得非常流行。如果这项调查在今天进行,人们可能会期望互联网成为另一种会见潜在伴侣的流行方式。稍后,我们再回头讨论在互联网上交友的话题。

未婚情侣(包括同居情侣、处于长期关系中的情侣

再见，社交焦虑

和刚开始约会的情侣）的见面方式和地点与已婚夫妇相似。然而，也有一些小差异。例如，刚刚开始约会的情侣比已婚夫妇更有可能是在酒吧或聚会上相遇的。而长期关系更可能以其他方式开始。

在哪里结识新朋友

结识新朋友需要让自己随时为机会的来临做好准备，但也要创造一些可能不会自然出现在你生活中的机会。能多次接触的社交场合（如在工作中）比只有一面之缘的场合（如去酒吧）更有可能发展出友谊或亲密关系。当然，社交焦虑会让一些人在社交机会出现时难以抓住它。因此，在你努力结识新朋友时，坚持使用本书中讨论的技巧是很重要的，包括应对潜在拒绝的策略（见第 7 章）。本节的其余部分将列举你可以轻松结识新朋友的场所。

第8章
结识新朋友

工作

几乎六分之一的已婚人士是在工作场所遇到其配偶。更多的人在工作中与人建立了亲密友谊。与同事的关系可能是从偶然接触开始的,或许是在复印机前打招呼。不久以后,他们开始更多地分享个人生活(例如,自己的家庭或怎么过周末),发现彼此有共同的兴趣或经历。他们可能会决定一起吃午饭,或者在工作时间之外一起消磨时间。随着时间的推移,可能会产生爱情。

志愿服务

志愿工作可以提供许多与传统工作环境相同的社交优势。志愿服务的机会与其他类型工作的机会一样多种多样。志愿者在学校、医院和慈善组织工作。还有许多志愿者在创造性领域工作,如戏剧和视觉艺术(例如,引导演出、绘画布景、缝制服装、帮助组织艺术展览等)。如果你是专业协会的一员,自愿参加委员会或协

再见，社交焦虑

助完成一些项目也会为你提供结识新朋友的机会。

学校

对于全日制学生来说，在学校结识朋友可能是最常见的发展关系和交朋友的方式。即使你不是一名全日制学生，在感兴趣的领域学习一门课程也是扩展社交网络的理想方式。就像工作一样，学校提供了一个与同样的人反复接触的机会。此外，如果所学的课程是你感兴趣的主题（如烹饪课、艺术课或有氧运动课），那么你很有可能会遇到志趣相投的人。当然，也有完成了整个课程，却没有结识任何人的可能。为了能真正地发展亲密关系，使用你在这本书中学到和练习的技巧是很重要的，并且当你在学校的时候，要承担社交的风险。

业余爱好

有爱好的人通常喜欢与志趣相投的人见面。加入一

第8章
结识新朋友

个和你的爱好相关的俱乐部或组织是一种很好的方式，可以认识和你对同样的事情感兴趣的人。怎么才能找到这样的俱乐部呢？最好从互联网开始搜索。例如，如果你喜欢徒步旅行，住在芝加哥，那么尝试搜索关键词"芝加哥徒步俱乐部"，将会出现几十个选项（有些选项比其他选项更有用）。你可能会对俱乐部和组织之多感到惊讶，几乎每一个爱好或兴趣都有俱乐部和组织，包括阅读、摄影、收藏、工艺品、旅游、运动、宠物等。如果你想认识和自己有共同兴趣的人，但加入俱乐部对你没有吸引力，通常还有其他选择。例如，如果你对旅行感兴趣，旅行和住在旅馆里会给你提供很多机会去认识其他同样喜欢旅行的人。

运动和锻炼

如果你喜欢运动和锻炼，认识和你有共同兴趣的人的最好方法是去那些喜欢运动的人常去的地方。加入健

再见，社交焦虑

身房、运动队或参加健身课程是显而易见的选择。如果你决定加入健身房，每周在同一天的同一时间前往，就会增加反复见到相同的人的可能性。有了反复的接触，可能更容易开始交谈、组织一场篮球或网球比赛，或者在有氧运动课后一起喝杯冷饮休息。

社交活动

参加聚会是另一种显而易见的结识他人的方式，也可以丰富与你已经认识的人的关系。例如，和同事一起参加聚会可以让你在与工作场所完全不同的环境中了解他们。事实上，在家里为同事举办一次聚会是让同事有机会更好地了解你的好方法。除了与同事的聚会外，还要注意参加其他社交聚会，尤其是结识与你有共同兴趣的人，这将是你认识新人的机会。例如，当地艺术画廊的展览开幕式、高中同学聚会和单身舞会都为建立新的社交联系和巩固旧的社交联系提供了可能性。

第8章
结识新朋友

约会服务、征友广告和互联网聊天室

逐渐地,人们繁忙的日程安排迫使他们寻找新的方式与他人约会,并有可能发展长期关系。约会服务、互联网聊天室和征友广告只是其中的几个例子。约会服务的质量、花费及其提供的服务类型各不相同。有些服务更适合特定类型的人(如专业人士),有些则使用相当复杂的方法来匹配人们,包括心理测试。如果决定尝试约会服务,货比三家后再选择契合你的服务也许是个好主意。

有些人发布的征友广告很成功,包括那些出现在新闻报纸、电话征友广告以及在互联网上的广告。无论如何,如果你选择通过征友认识新人,一定要谨慎。首先通过电话了解对方,并确保第一次见面是在公共场所。最初,只安排一次短暂的会面(也许是喝咖啡或茶),这样如果事情不顺利,你可以立即结束这段关系。要使自己的期望切合实际。通过征友广告、约会服务和相亲

再见，社交焦虑

认识的人往往只是泛泛之交。虽然一些亲密的关系是这样开始的。如果没有别的机会，通过征友广告约会将为你提供练习本书中描述的其他策略的机会。

互联网正日益成为结识新朋友的一种流行方式。例如，一项研究发现，超过 60% 的未婚大学生成功地发展了网上友谊。事实上，这些人中大约有一半报告说，他们觉得在网上与人见面比面对面更舒服。另一项调查也发现，互联网已成为交友和发展恋爱关系的一种常见途径。此外，在接受调查的人中，线上关系的质量（例如，亲密度、关系满意度和沟通度）与受访者的线下关系质量一样高。

在那些经常使用互联网结识朋友的人中，有多达三分之一的人最终选择与他们的网友见面。但请注意：在一项调查中，40% 的受访者表示，他们在网上结识新朋友的过程中撒了关于自己的谎。毫不奇怪，隐藏年龄和外貌等特征的倾向在网络关系中比在现实生活中更常见。

第8章
结识新朋友

还有一个警告需要注意：网络关系不应该被认为是你生活中其他方面关系的替代品。为了克服社交焦虑和害羞的问题，重要的是要面对你害怕的情境，并提高你的人际关系质量。

遇到对的人

认识新朋友或发展新关系的第一步是对正在寻找的目标有些想法。没有一个人可以满足你所有的，甚至只是大部分的社交需求。不同类型的关系有不同的功能。对于人们来说，拥有一些基于特定活动的关系（如与朋友一起慢跑），以及履行其他角色和职能的其他关系，并不罕见。不同的关系可以给你陪伴、提供情感支持，或者只是帮你以一种愉悦的方式打发时间。

你在寻找什么类型的友谊或关系？当你想找一个朋友每隔几周一起看场电影时，找的人大概会和找人结婚生子时的类型不同。如果你的目标是给自己的生活增加

再见，社交焦虑

一些刺激，那么找一个富有冒险精神、热情且随性的人可能更适合你。

另外，一旦一段关系里最初的兴奋感消失，这些令人兴奋的品质可能会变得不那么重要。在更成熟的关系中，诚实、共同价值观、尊重和可靠等品质可能更为重要。知道自己想从关系中得到什么，可以帮助你决定把时间花在谁身上。

但是在现实中，通常很难知道哪些品质对你来说是重要的，直到你真正处于一段友谊或亲密关系中。你或许一直认为只有和你持相同意见的人才能成为朋友，但后来可能又发现，共同的价值观对你来说并不像曾经以为的那么重要。然而，如果你正在寻找特定类型的人做朋友，就要确保你参加的活动能增加遇到这样一个人的机会。这可能听起来很轻松，但有时道理就是如此简单。如果你不喜欢饮酒，就不要试图在酒吧里交友。

第8章
结识新朋友

练习：认识一个新朋友

在接下来的几周里，制订一个计划，至少试着认识一个新人。这可以通过与工作场合或学校里的陌生人交谈、报名参加课程、接受一个新的志愿者职位，或者通过你能想到的其他方法来实现。在日记中记录你的进步。如果第一次尝试没有成功，请继续尝试，直到能够建立一段新的友谊或亲密关系。请在日记中记录你所有的努力。

第 9 章

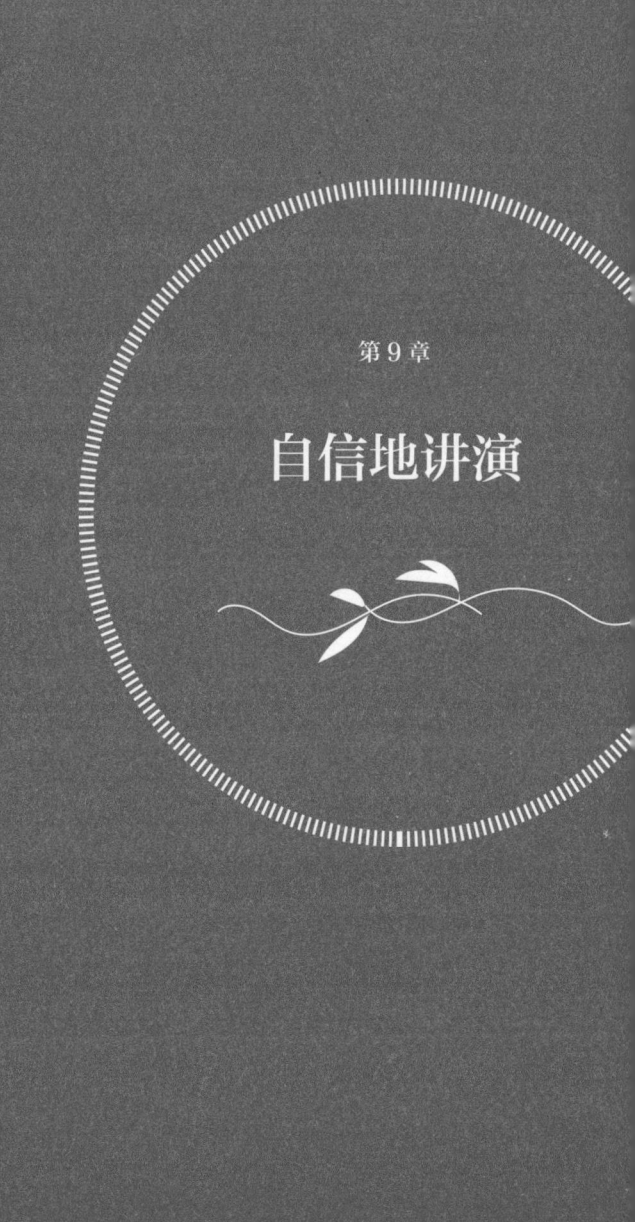

自信地讲演

再见,社交焦虑

如第 1 章所述,对表现的恐惧是最常见的社交焦虑类型之一。人们通常害怕的表现场合包括公开演讲、表演和在他人面前唱歌等场景,但也可能包括更微妙的个人表现场合,比如在他人面前进食、在公共场合犯错误、在别人面前写字,甚至在街上走路时被人盯着看。本章首先简要回顾了有助于在需要表现的场合,尤其是在做报告时变得更加自如的策略,然后,重点介绍如何提高演示汇报效果。

应对表现恐惧

如果你读过前面的章节,可能对如何克服对表现和成为关注焦点的恐惧有了很好的想法。识别并改变焦虑的想法,以及经常暴露在你害怕的情境下,可能会大大改善你的表现焦虑。

对自我表现和公开讲演的担忧通常集中在害怕显得愚蠢、没有吸引力、无聊、过度焦虑或无能。回避成

第9章
自信地讲演

为关注焦点的人通常认为,让别人观察他们只会导致可怕的后果。在现实中,随着时间的推移,回避这些可怕情境的成本往往大于直接面对它们的风险。第3章提供了克服消极思维的详细说明,这种消极思维通常会导致表现情境下的焦虑。从本质上讲,认知和行为疗法的目标是学会更现实地思考,认识到看起来愚蠢的可能性可能比你想象的要低得多,并学会容忍事情可能不像你希望的那样顺利。

每天,全世界都有许多人发表平庸的讲演、犯错误、着装不妥、进行无聊的谈话并表现出明显的焦虑迹象,但这样做不必承受可怕的后果。尽管在别人面前焦虑的感觉很糟糕,但有时你就是会遇到糟糕的状况。即使观众不喜欢你的演讲,或者你错过了一笔订单或新的工作机会,也还会有其他机会。事实上,"我必须表现完美"的信念是导致你感到焦虑的部分原因。如果你不太在意别人如何看待你的表现,那么你的焦虑及表现很可能会有所改善。

当你成为关注的焦点时,让自己变得更自在的最直接途径就是练习成为关注的焦点,直到它不再困扰你。正如第4章所讨论的,暴露在恐惧的环境中能降低恐惧感,特别是如果这种暴露是长期的、频繁重复且在你的控制之下。通过允许自己暴露在表现情境中,容忍不适和表现不佳的可能性,你的自信心会提高。

除了面对自己的恐惧,你还可以使用许多策略来充分发挥讲演机会的作用。本章后续部分讨论了提高讲演质量的方法。

改进讲演

无论是需要在聚会上说一段简短的祝酒词,还是对着同事开展一整天的工作坊,你都要记住一些策略以确保你的讲演是有效的。本节提供了一些提高讲演质量的方法。关于这一主题的更详细的讨论,可以在网上和书

第9章
自信地讲演

店找到一些优秀的书籍。

如果你提前知道要做演讲,可以采取一些步骤来准备。这包括理解演讲的目的、了解观众、组织演讲及排练演讲。下面来详细讨论这四个步骤。

理解演讲的目的。演讲的目的是为了娱乐观众吗?是说服观众相信某件事吗?(例如,买一辆车或接受一个新想法。)是教一项新技能吗?根据你演讲的不同目的,演讲的内容应该大有不同。例如,如果你演讲的目的是为了娱乐观众,就可以在演讲中加入更多的笑话或者音乐。另外,如果目的是教授一项新技能,就一定要包括详细的讲义或为观众成员提供练习新技能的机会(例如,布置实践练习,让他们尝试你所教授的新技能)。

了解观众。了解观众的规模以及他们在年龄、性别和专业背景方面的构成是很有用的。你也会想要了解观众的期望、他们已经知道的,以及他们需要从你的演讲

再见，社交焦虑

中发现什么。记住，演讲应该考虑到观众。当你要在最要好的朋友的婚礼上发表演讲时，如果它充满了只有你和新娘或新郎才能理解的笑话，可能会不太受欢迎。

同样，如果你要给一群专业人士做讲座，最重要的是其内容定位不要过于复杂或过于简单。如果你不确定观众的构成，在开始演讲之前，提一些关于观众的背景或对主题熟悉程度的相关问题有时是有用的。

组织演讲。在准备演示文稿时，请将其内容分为三个主要部分：引言、主体部分和结论。引言应该引导观众熟悉材料，并提供你打算涵盖的内容的概述。主体部分应该包括将要呈现的主要信息。结论应通过总结所阐述的内容要点并讨论某些含义或解释来结束讲演。找到这些关键点，观众就会理解为什么你的讲演很重要。

排练演讲。如果你不习惯做讲演，或者不熟悉你要讲的材料，那么在同事、朋友、家人甚至镜子面前排练讲演会很有用。排练也有助于降低焦虑程度。如果你有

第9章
自信地讲演

一台摄像机,可以考虑把你的排练过程录下来,然后观看录像,看看是否有什么需要改进的地方。

有效表达

下面提供了关于避免讲演者的一些最常见错误的建议。遵循这些简单的指导方法,你的讲演质量就会大大提高。

- 吐字要清楚,音量要让讲堂后面的人都能听到。
- 确保不要读错任何字词。核对任何不确定的字词发音。
- 尽量避免说"嗯"、"啊"或"呃"。
- 与观众进行眼神交流。
- 说话时要走动,并适当加一些手势。
- 不要把手放在口袋里或交叉双臂。
- 不要说得太快,也不要试图在发言中填塞过多的

再见，社交焦虑

信息。

- 观众分心时很可能会错过讲演的部分内容。经常重复最重要的观点，这样观众就能知道你在讲什么。
- 做自己。不要试图表现得过于聪明或过于有趣。如果观众觉察到你不够真诚，你传达信息的效率就会降低。
- 尽可能为回答问题做好准备。在大型讲演中，答题前一定要先重复所有的题目，这样坐在后面的人才能听清。如果你不知道问题的答案，就承认你不知道，别胡编乱造。

吸引观众

除非你能保持观众对讲演的兴趣，否则你讲的内容不会被接收。讲演者有很多技巧可以让他们的发言变得更生动。下面列出了一些最常用的策略。

第9章
自信地讲演

幽默。一个相关的漫画或笑话可以非常有效地吸引观众的注意力。然而，如果使用不当，幽默会影响演讲效果。记住，幽默是非常主观的。对一个人来说很有趣的笑话，对另一个人来说可能是愚蠢的，甚至是冒犯的。试着在几个值得信赖的人身上测试你讲的笑话，然后再在更多的观众面前使用它们。此外，避免开别人的玩笑。如果你想取笑某人，那就取笑自己。如果你用其他个人或团体当靶子，观众中的一些人可能不会被逗乐。

个人故事或小片段。个人故事也是吸引观众的一种有用的方式。确保你的故事和主题相关，并且不会降低你的可信度或干扰你想要传达的信息。

插图和示例。如果你正在谈论一个复杂的话题，一定要使用例子和插图来帮助你传达信息。例如，如果你在你最好的朋友的婚礼上发言，举几件他多年来所做的了不起的事情作为例子，而不是简单地说他是一个了不

再见，社交焦虑

起的人。相关统计数据也可用于说明演示文稿中的关键点，这取决于主题。

发言时间长短要合适。不要没完没了地谈论一个特定的话题，除非你不得不这样做。说出自己能想到的一切是很有诱惑力的，也许是为了向观众展示你有多聪明。试着拒绝这种诱惑，保持简明扼要。

不要念稿。通常，在演讲过程中最好保留一些自发性和即兴发挥。背诵或念稿往往不那么有趣，甚至单调乏味，特别是在对观众来说明显是逐字逐句念稿时。如果可能的话，尽量使用足够详细的大纲，不要遗漏任何关键点，但仍然可以让你以一种新鲜有趣的方式呈现信息。当然，对于一些讲演者（那些难以即兴发挥的人）及一些话题（特别复杂的话题）来说，可能别无选择，只能至少阅读部分演示文稿。如果是这样的话，那就尽量每念几句话就看一看观众，而不是一直盯着你正在阅读的那一页。

第9章
自信地讲演

鼓励观众参与。 取决于你所做演示的类型,找到提高观众参与感的方法可能会有所帮助。示例包括回答观众的问题、向观众提问、请一位观众参与角色扮演作为示范或参与其他练习,或考察观众对所讲内容的掌握程度。

视听教具。 视听辅助工具经常用于使演示更具吸引力。这些工具可以是幻灯片、背景音乐、录制视频。这些辅助材料可能涵盖你讲的要点、主题标题、照片、相关引用、漫画、插图或其他图形。你甚至可以选择加入道具。例如,如果你正在介绍自己创作的一本新册子,准备好它的复印件供人们查看。要确保辅助材料能增强演讲的效果。如果你的视听教具太难看,太分散注意力,或者太不相关,它们就会干扰你要传达的信息。

再见，社交焦虑

练习：做一次新的讲演，并将其与以前的讲演进行比较

下次需要做演讲的时候，尽可能运用本章介绍的一些建议。在日记中记录调整后的讲演与过去所做的讲演之间的所有可见差异。哪些策略特别有用？你会再使用哪个技巧？

第 10 章

停止
追求完美

再见，社交焦虑

从我们出生的那一刻起，其他人就不断地评价我们的行为，纠正我们的错误，并鼓励我们表现得更好。例如，父母教孩子走路、说话、讲礼貌、打扫房间。教师教学生阅读、写作和做算术，并经常测试学生的技能且提供反馈。有时，甚至我们的雇主、配偶、子女、朋友和完全陌生的人都认为评估我们的行为并纠正我们的错误很重要。难怪有些人变得过于关注给别人留下好印象。

大多数人认为，设定高标准并努力达到这些标准是个人实力的标志。高标准让一些人在体育、商业、学术和几乎所有领域达到巅峰水平。另外，完美主义倾向于设定高到几乎不可能达到的标准。完美主义者所持的标准也往往是不灵活的。而当完美主义没有被实现时，完美主义者可能会感到沮丧、失望、焦虑或愤怒。

完美主义的高标准通常会干扰表现，因为它会导致完美主义者拖延、逃避有可能犯错的情境，或者花费大

第10章
停止追求完美

量时间试图把事情做到完美。完美主义者倾向于持有不切实际的个人高标准、怀疑自己的成就并担心犯错误。他们也可能对他人抱有过高的标准，当他们的期望没有得到满足时，会感到沮丧。

本章介绍了完美主义的本质、完美主义与社交焦虑的关系以及克服完美主义的方法。如果你倾向于为自己设定不切实际的高标准，并且你的完美主义阻碍了你，那么你可能会从进一步阅读这个话题中受益，相关书籍推荐马丁·M.安东尼和理查德·P.斯温森的《当完美还不够好：应对完美主义的策略》（*When Perfect Isn't Good Enough: Strategies for Coping with Perfectionism*）。

完美主义与社交焦虑

如前几章所述，社交焦虑和害羞的一个显著特征是害怕他人的负面评价。毫不令人奇怪的是，社交焦虑程度较高的人往往也具有高于正常水平的完美主义倾向。

再见，社交焦虑

事实上，他们对自己的标准往往比对别人的标准高得多。虽然有些社交焦虑程度高的人对别人也有很高的标准。过度的社交焦虑通常与以下信念有关：

- 我应该被所有人喜欢。
- 我应该总是给别人留下好印象。
- 我不应该表现出焦虑的迹象。
- 我应该总是表现得很聪明，很有吸引力，很有趣。
- 我必须在工作中永远做到完美。
- 如果我没有表现得非常好，那么我就失败了。
- 考试中任何低于"A"的成绩都是不可接受的。

包含"必须""应该""总是""从不"等词语的陈述通常是非黑即白思维的标志（见第3章）。频繁的"非黑即白"的想法可能是完美主义的表现。

第10章
停止追求完美

挑战完美主义想法

挑战完美主义想法的策略与改变其他类型的焦虑想法的策略相似。第一种有效方法是检查你想法的证据，而不是直接认为它们是真实的。例如，如果你认为在与他人交谈时总是给人留下好印象至关重要，那么问问自己："我有没有在别人面前说过傻话？"如果答案是肯定的（如果你和大多数人一样，情况可能是这样），那么后果是什么？也许你被嘲笑了一两分钟，也许有人奇怪地看了你一眼。或者，根本没有人注意到你。是否有任何严重的后果？如果没有，这又说明了什么？事实上，你是否必须避免在别人面前说出愚蠢的话？为了避免看起来愚蠢，花费所有的力气，值得吗？

第二种能有效改变完美主义想法的技巧是观点择取。从本质上讲，这涉及试图从另一个人的角度看问题。例如，如果担心别人觉得你的新衣服没有吸引力，你可以问自己：那些不太在意外表完美的人会如何看待

再见，社交焦虑

这种情况呢？即使是最时尚的化妆师偶尔也会出错，你自然不总是能让自己看起来无懈可击。十有八九，人们会喜欢你的穿着，就算他们不喜欢，你照样也能活得好好的。

第三种用来对抗"非黑即白"思维的工具是妥协。如果把标准降低许多的想法对你来说太可怕，那么可以只把标准降低一点。如果为了努力成为部门中业绩最好的员工会导致你的婚姻出现问题，那么也许只要进入前五名就好，让自己有更多时间和配偶在一起。不要把事情看得非黑即白，妥协包括看到灰色地带，以及能理解实际情况往往比看起来更复杂。换句话说，处理某种状况的正确方法往往不止一种。

将自己与更自信、更有成就或更有能力者进行比较的倾向是社交焦虑的另一个特征。难怪，感到悲伤和焦虑的倾向是将自己与那些在特定维度上比自己强得多的人进行比较的自然结果。将自己与他人进行比较是很正

第10章
停止追求完美

常的——这是确认自己的表现是否合格的一种方法。然而，将自己与其他处于相似水平的人进行比较才有意义（这是大多数人所做的）。如果你是一名业余画家，经常将自己的作品与那些在博物馆开画展的专业人士的作品进行比较，最终你只会觉得自己很糟糕。把你的作品和其他业余画家的作品进行比较就行了。

第四种方法是试着放眼全局，而不要陷入细节。例如，如果你在演讲过程中犯了一个错误，不要只关注你的错误。问问你自己，我接下来的演讲怎么样？到明天，下周，或者明年，我的错误还会那么重要吗？

练习：记录并挑战完美主义想法

在接下来的几周里，在日记中记录下你注意

再见，社交焦虑

> 到的任何完美主义的想法。在你写下的每一个想法下面，使用上一节中描述的策略，写下可以替代它的所有其他想法。换句话说，挑战你的完美主义想法，而不是认为它们是既定的事实。

挑战完美主义行为

完美主义行为可以分为两种主要类型：第一种是旨在帮助个体满足其过高标准的行为；第二种是回避那些可能要求个体满足过高标准的情境。第一种行为的例子包括过度准备或排练，以及过度检查或寻求保证。第二种行为的例子包括回避社交场合、拖延或寻找微妙的方法来减少焦虑。比如在参加聚会前喝酒。

虽然这些行为是为了给人一种对局面的控制感，但从长远来看，它们恰恰产生了相反的效果，特别是如果

第10章
停止追求完美

它们被过于频繁地使用。除了导致长期焦虑外,这些行为通常会干扰工作、人际关系和其他活动。例如,如果一个人花了几天时间排练一个简短的演讲,与那些只花一两个小时准备的人相比,那么前者就没有多少时间去做其他事情了。

暴露练习

第4章提供了在恐惧的情境中使用暴露疗法对抗社交焦虑的详细说明。暴露练习也可以用来减少完美主义。对于那些害怕自己犯错误或表现得不够完美的人来说,暴露练习通常就是这样进行的——故意犯(无可厚非的)错误,给人留下不完美的印象。此外,试着让自己处在事情很可能无法完美进行的情境里会有帮助(前提是表现不完美的后果可控)。相关暴露练习的一些例子包括:

再见，社交焦虑

- 在取回干洗的衣服时忘记拿小票。
- 在谈话中说错几个字。
- 与朋友共进午餐，故意让几个不舒服的沉默发生。
- 穿着你认为没有吸引力的衣服去商场。
- 在演示过程中"卡壳"。
- 寄一封有几个错别字的信。

预防问题行为

改变完美主义的另一个策略是，不要让自己出于对负面后果的恐惧而把过度行为作为预防措施。例如，如果你原本倾向于定期从别人那里寻求确认，那么现在不要让自己继续这样做。此技巧的其他示例包括不让自己进行过度检查，以及不要花太多时间为讲演和其他社交场合做准备。停止或改变一切为防止自己感到不舒服而特意从事的行为（例如，在聚会上喝酒以保持冷静，避开灯光明亮的餐厅，这样就没人会注意到你的脸红）。

第10章
停止追求完美

练习:练习不完美

如果你有一些经常习惯性重复的完美主义行为(比如煞费苦心地不让自己的形象看起来"很糟"),试着反其道而行之。只要实际后果是轻微的,就可以故意尝试犯错误或故意做一些看起来很愚蠢的事情。然后,在日记中记录自己做了什么、结果是什么,以及你从练习中学到了什么。

后记　规划未来

在几个月的时间里，使用本书中描述的策略应该会显著减少你的社交焦虑。请务必通过回顾第 2 章中设定的治疗目标来时时监控自己的进展。你离自己的目标还有多远？最有用的策略是什么？是否有某些策略没有起到作用？如果是，为什么没有起作用呢？有没有可能是因为你没有以最有效的方式使用这些策略？

如果你的害羞因为使用了本书中的技巧而得到了改善，那么最后的挑战是要维持已经获得的成效。如果你正在服用药物（尤其是抗抑郁药），一定要坚持服药六个月到一年，尽可能减少减药或停药时病症复发的可能。此外，请确保在每次尝试减少药物剂量之前已征得医生同意。

再见，社交焦虑

定期使用认知和行为疗法也将有助于远离焦虑。例如，当焦虑的想法出现时，继续挑战它们。一旦有机会，一定要进行小规模的暴露练习。如果你在很长一段时间内没有做暴露练习（例如，如果在几个月里都没有安排讲演），结果下次遇到这个让人感到恐惧的情境时又感到了焦虑，请不要惊讶。关键是要确保自己不会陷入应对焦虑的那些旧模式里。记住，焦虑应该被视为直面恐惧的信号，而不是回避的信号。

如果你没有在这本书中找到有效的策略，不要放弃。有些人需要更系统的治疗方法，应该考虑寻求专业帮助。专业组织可以为你推荐专门从事焦虑症评估和治疗的专业人士。你可以使用认知和行为疗法或药物治疗，或两者兼用。